后浪

七种食材的奇妙旅行

[英]珍妮·林福德 文

[英]艾丽斯·帕塔洛 图

张淼 译

浙江教育出版社·杭州

目 录
CONTENTS

前　言

　　我们每天吃的食材在人类生活中扮演着特殊的角色。首先，它们与我们有着亲密的关系，为了维持身体的正常运转，我们消耗着这些食材。我们与今天所吃的许多关键食材的关系是长期发展而来的，中间经过了数千年的演变。这些食材在历史上作为人类饮食的一部分，既富有文化价值，又具有独特的象征和神秘含义。

　　本书所探讨的七种食材是我们现在司空见惯的。如今，猪肉是一种常见的肉类，有着各种各样的存在形式。无论是咖啡馆早餐的培根条和香肠馅饼，还是作为上班族午餐的火腿三明治，抑或是观看棒球比赛时吃的热狗，用的食材常常都包括猪肉。我们可以在超市买到罐装蜂蜜，人们喜欢它的甜味，早上会往煎饼上浇一层蜂蜜，或者把它加到水果奶昔里。盐很便宜而且无处不在，通常被放在桌子上，方便我们给食物调味。在食品制造业中，盐是使用最广泛的添加剂之一。它被用作一种增味剂，以增强加工食品的"味道"，盐还具有防腐的作用。虽然我们知道像薯片这样明显很咸的食物中含有盐，但令人惊讶的是，其他一些日常加工食品，比如面包、番茄酱和蛋糕里也含有盐。在全球范围内，辣椒被用于增加菜品的滋味，从墨西哥卷（也叫牛肉塔可）到咖喱，加入辣椒是一种让人"火热起来"的快捷方式。大米是储藏柜里的主要食品，它是一种方便储存和烹饪，容易让人产生饱腹感的碳水化合物。巧克力糖果主要由可可制成，在一些国家价格低廉，随处可见，可以在加油站便利店和超市买到。我们常常会购买巧克力棒，几乎在不经意间就可以消灭掉这种小甜食。从沙拉、三明治和汉堡中的紧实、清淡的新鲜番茄切片，到浇有番茄酱汁的比萨，番茄广泛存在于我们的饮食中。现在，我们很少会讨论这些食物。

尽管这些食物拥有不同的特质，但它们都是非凡的食材，背后都有迷人的故事。而且，世界各地的人都会吃这些食物，这反映了人类这个物种的杂食性和好奇心。谨慎抵制新食物是可以理解的，但人类也愿意进行实验——例如，种植从世界其他地方长途海运而来的辣椒、大米或番茄等"异域"植物的种子。这本书里有许多国家的食谱——马来西亚的炒饭、意大利的番茄酱、葡萄牙的盐鳕鱼肉饼、中国的叉烧、北美的布朗尼、希腊的果仁蜜饼、以色列的苏胡克辣酱①——这些食谱反映了人们对食物的广泛兴趣，我们的七种食材以各种方式周游世界各地，成为许多国家菜肴中不可或缺的组成部分。

通过追溯这些食物的历史，我们可以清楚地看到人类是一个多么聪明和好奇的物种。我们对自己所处的自然世界采取了行动，利用它的资源并改造它们，以便养活自身。人类在海水中和陆地上发现了盐。野生动物和鸟类——其中包括猪、羊、牛和鸡——已经被驯化，为我们提供肉、牛奶、毛织品、肥料和皮革。野生植物一开始常常不讨人喜欢，也很难培育，但经过几代人的培育，它们逐渐拥有了我们想要的特质，比如好的味道与质地、较高的产量、抗病性强、易于收获。我们甚至开发了一套与蜜蜂合作的方法，因此能轻松安全地收集它们的蜂蜜。

猪是最早被驯养的动物之一，它是野猪的后代。在古代，人们非常尊重猪的野生祖先。在古希腊和罗马神话、凯尔特传说和亚瑟王的故事中，强壮、残暴的野猪会凶猛地冲锋陷阵。猪能够自己觅食，让自己生存下来，这使它成为一种有用的饲养动物。猪肉是世界上被消费得最多的肉类，但也有部分人群是不食用猪肉的。在世界各地的农村地区，杀猪通常是一项一年一度的活动，人们会用新鲜猪肉制作特别的宴席来庆祝。这是一种难得的享受，在这种场合下，人们会津津有味地享用猪肉。在熟食店里，猪肉逐渐拥有了自己的地位。从新鲜的猪排到腌制的

---

① 苏胡克辣酱：一种也门产的辣酱，主要配料包括新鲜的红辣椒或青椒，以及大蒜、丁香、小豆蔻、孜然等香料。

火腿和萨拉米香肠，人们享用着各种各样的猪肉制品。

蜂蜜很可能是人类食用的第一种甜味剂。最初，蜂蜜是从野生蜜蜂的蜂巢中收集而来的，人类食用蜂蜜已经有数千年了。一个洞穴里的壁画最早记录了人类对蜂蜜的喜爱，壁画描绘的是一个人在采集蜂蜜，时间可以追溯到1万年到8000年前。甜味是我们的舌头能识别的五种基本味觉之一，我们的生理结构决定了我们大多会喜欢它。几个世纪以来，蜂蜜一直被视为一种奇妙的东西，在世界各地的许多文化中，蜂蜜都被看作来自上天的礼物。如今，人们仍然对养蜂感兴趣，这与我们对蜜蜂的尊重和着迷于它们在蜂巢中所做的复杂工作有关。

我们的身体需要盐，所以它对生命至关重要。咸味和甜味一样，是我们的舌头能识别的五种味觉之一，盐也是我们渴望的一种重要调味品。曾经有几个世纪，盐非常珍贵。盐的经济地位非常重要，一个很有名的例子是，意为工资的"salary"一词是从拉丁语中意为盐的"sal"一词演变而来的。盐是人类通过大量劳动从海洋中（通过海水蒸发）提取出来的，或通过艰苦的体力劳动从地下开采出来的一种矿物（岩盐）。除了用作调味料以外，盐在制作许多美味的腌制食品时也是必不可少的，例如火腿、奶酪，以及泡菜或酱油等食品。

辣椒被认为起源于南美洲的玻利维亚，如今在全球各地都有种植。据估计，世界上大约四分之一的人每天都会吃辣椒。辣椒中含有一种名叫辣椒素的化合物，辣椒的种子及其周围的组织中含有大量辣椒素，辣椒素正是我们在食用辣椒之后会出现独特灼热感的原因。有趣的是，人类非但没有避开这种具有惩罚效果的农产品，反而去寻找它，享受那种灼热的感觉。在西班牙入侵中美洲之后，辣椒也随之传播到了世界其他地方，包括欧洲、非洲、印度和东南亚。如今，辣椒已经成为许多菜系的标志，尤其是墨西哥菜、印度菜和泰国菜。我们继续被辣椒的热辣效应吸引，如今世界上新增的辣椒品种在热辣的程度上达到了惊人的创纪录的水平。

尽管糖果在一些经济发达国家早已随处可见，但可可豆制成的巧克力仍然散发着迷人的光彩，不啻是一种美味。巧克力在历史上曾经被认为是催情剂，如今它是西方情人节时非常受欢迎的礼品。可可豆原产于美洲，历史悠久的奥尔梅克文明、玛雅文明和阿兹特克文明高度重视可可豆，并将其当作货币和贡品。玛雅和阿兹特克社会中享有特权的精英会精心制作并饮用由磨碎的可可豆制成的饮料。在西班牙征服者入侵中美洲之后，可可豆才被引入欧洲大陆和世界其他地方。历史中一大部分时间里，可可豆被制成饮料而不是一种食物。工业革命开始，相应食品加工机械有所发展之后，可可豆才被加工成我们现在所期望的那种具有丝滑口感的巧克力。

大米是一种谷物，是我们的主要粮食作物之一，是世界上一半以上人口的重要热量来源。栽培稻是从野生水稻培育而来的，最早在中国种植。直到今天，大米还是中国、印度这两个人口大国的主食，是他们烹饪的核心部分。为了成功种植水稻，亚洲的农民开发了一套水稻种植系统，从而让这种半水生植物生长在含有大量水的水田里。用这种方式种植水稻需要建立复杂的灌溉系统，以便把水公平地分配给多位农民。这需要社会的高度协作，社会历史学家在研究水稻对周围社会的影响时会使用"水稻种植社会"一词。

番茄原产于南美洲，作为一种环游过世界的食材，它取得了非凡的成就。最初，人们对其持怀疑态度，所以，番茄相对较晚才成为烹饪中的一种重要食材。番茄是由西班牙人传入欧洲的。作为一种新奇的异国食材，它享有催情剂的声誉，因此它的绰号是"爱的苹果"。它的果实鲜艳多彩以至于最初种植它只是为了它的外表，而不是为了食用。然而，19世纪，意大利的番茄种植和番茄罐头行业都得到了迅速发展。如今，番茄被认为是典型的意大利菜配料，从意大利面酱汁到比萨都要用到番茄。到意大利旅游过的人都知道，在温暖阳光的照耀下，从肥沃的土壤里生长出来的新鲜番茄的味道是无与伦比的。

历史上每一种有名的食材都经历了大致相同的旅行路线。最初，这些食物都是非常珍贵的（属于传说中的食物，昂贵、奢侈），过了几个世纪，由于人类的创造性和不断努力，这些食物变得非常易得且廉价。它们身上那种异域的魅力已经大大减弱了。然而，当我们不厌其烦地去了解这些食材的历史时，就会重新意识到这些日常食物有多么的不同寻常。因此，这七种食材可以被尊称为"世界的七大奇迹"。

猪 肉

　　猪在人类历史上具有特殊的地位。我们与这种动物之间有着漫长而持久的联系。和狗一样，猪也是最早被驯化的动物之一。所有的家猪都是野猪（Wild boar，学名*Sus scrofa*）的后代。

　　我们还无法确定这种驯化最初发生在哪里。考古证据表明，猪的驯化可能最早发生在公元前8000年的中国。考古学家在中东的许多地方都发现了家猪骨头的化石证据。值得注意的是，考古学家在土耳其的哈兰塞米（Hallan Çemi）挖掘出了猪骨头，该遗址可追溯到公元前8000年左右。这些骨头的证据表明，野猪曾与村民们一起生活。

　　人类和猪之间的早期关系如此亲密，是因为野猪拥有好奇而自信的天性。众所周知，猪是大型杂食性食腐动物，它们的自然栖息地是林地。早期人类居住地的垃圾堆和庄稼为猪提供了丰富的食物，于是，它们逐渐习惯了人类的存在。据说，人类捕获并饲养的野猪崽是后来被驯化的家猪的祖先。学者认为，猪作为祭祀动物的用途在其被驯化的过程中开始发挥出来。在古希腊、古罗马以及中国古代，人们都把猪作为祭品供奉给神。古罗马作家老普林尼在他的《自然史》（*Natural History*）一书中写道："人们认为，刚出生5天的小猪处于一种纯洁的状态，适合献祭。"

> 人类饲养牛、绵羊或山羊主要是为了获得牛奶或羊毛，当然也吃它们的肉，然而，与这些家畜不同，人类饲养猪主要是为了吃猪肉。

　　人类饲养牛、绵羊或山羊主要是为了获得牛奶或羊毛，当然也吃它们的肉，然而，与这些家畜不同，人类饲养猪主要是为了吃猪肉。正如这本书的"熟食"部分（见第22—33页）所探讨的，屠宰一头猪所获得的肉会被世界各地的人们巧妙地使用。在许多国家，猪一直是重要的肉类来源。从历史意义来看，猪在中国人生活中的作用是如此重要，以至于中文中"家"这个字由代表"屋顶"的宝盖头和代表"猪"的"豕"字构成。从荷马的《奥德赛》中的欧迈俄斯到汉斯·克里斯汀·安徒生的童话故事《猪倌》，负责养猪的猪倌形象在欧洲文学和民间传说中比比皆是。

猪是一种杂食性动物，而且体重能够快速增加，这对于人类来说非常有用；它能够自己觅食，也可以简单地用残羹剩饭来喂养。从生物学的角度来说，猪具有令人钦佩的觅食能力。它拥有锋利的牙齿，可以吞食各种各样的食物。猪鼻子的末端是一个坚硬的鼻盘，它足够坚固，可以用来挖洞，里面拥有许多感觉感受器，这赋予猪非凡的嗅觉，使它能够嗅到食物的踪迹。由于能够嗅出深埋在地下的可食用块茎和树根，所以人们用猪和狗来寻找气味浓郁的松露。松露是一种生长在地下的珍贵真菌。15世纪意大利文艺复兴时期的历史学家和作家巴尔托洛梅奥·萨基·普拉蒂纳（Bartolomeo Sacchi Platina）曾写过一篇关于用猪和猎狗寻找松露的文章，用猪来寻找松露这种珍贵美味的习惯一直延续到了今天。

在中国，家养的猪大多被关在猪舍里，因此能够快速地长胖。猪之所以受到重视，是因为它们能够消耗废物，并将其转化为人类可以食用的肉类。汉朝（公元前202年—220年）曾鼓励养猪。在那个时代，人们非常重视猪，以至于会把陶猪带进人的坟墓里，希望陪伴死去的人到来世。

在欧洲，人们饲养过两种不同类型的家猪：可以生活在狭小空间里的短腿"猪圈"猪和能够与猪倌一起在森林里活动的长腿放养猪。欧洲有在森林里放养猪的悠久传统，在森林里，猪可以找到大自然每个季节馈赠的水果和坚果，比如山毛榉坚果、榛子和橡子，这些食物可以把猪喂胖。这种做法具有经济价值，英格兰的《末日审判书》（Domesday Book）中也有记载。例如，其中有一篇关于"奥索尔斯通"（Ossulstone）威斯敏斯特的圣彼得的土地的记录："草地上有11个犁，牧场上有一维尔（Vill，意为小村庄）的牲畜，林地里有100

头猪。"

几个世纪以来，为了给人类居住和发展农业让路，森林不断被砍伐，人们会季节性地让猪进入森林，食用掉落的坚果，通常从9月29日开始，到11月30日结束。如今，西班牙仍然延续着在林地放养猪的传统（见第18页），他们会把橡树林里放养的猪制成伊比利亚橡果火腿（Jamón ibérico de bellota，见第33页）。在苹果种植区域，"果园猪"的传统也逐渐形成。在英国格洛斯特郡（Gloucestershire）老区，人们会在苹果园里放养传统品种的猪，在那里它们会吃掉大量落到地上的苹果。

猪能吃残羹冷饭，面对食物时具有韧性和灵活性，这让它成了一种有用的肉类动物，可以适应长途航行。这种动物的繁殖力很强，母猪每年能产2—3窝小猪，这使得它能够在被引进的国家成功繁殖、茁壮成长。

考古和DNA证据表明，猪是由移民带到太平洋岛屿的。1493年，探险家克里斯托弗·哥伦布将猪从欧洲引入新大陆。最初，有8种动物

培根沙拉

4人份

准备10分钟

烹饪8—9分钟

"Lardons"是法语词汇，意为小片培根或猪腹部的脂肪。在这道经典的法国培根沙拉中，油炸的培根和水煮的鸡蛋将清淡的生菜变成了一道令人满意的菜肴，风味十足且富有质感。

6汤匙橄榄油

1茶匙法国第戎芥末酱

225克培根，切成2.5厘米长的方块

5汤匙红酒醋

4个新鲜鸡蛋

2棵碎叶菊苣，择一下，撕成5厘米的碎片，冲洗干净并沥干

盐和现磨黑胡椒

1　把橄榄油和芥末糊混合搅拌成调味料。培根本身有咸味，加一点盐调味即可，再加入大量现磨黑胡椒。

2　在煎锅里用中火煎培根，时常翻炒一下，大约煎5分钟，直到培根变脆。往锅中加入红酒醋，煮1分钟，不时搅拌，稍微把醋收干一点即可。放在一边保温。

3　烧开一锅水，然后把火关小。慢慢地把每个鸡蛋打入一个小模具里，然后把模具放进沸腾的水里。煮2—3分钟。用漏勺小心取出，用厨房纸巾吸干水分。

4　把橄榄油调味料浇在碎叶菊苣上，搅拌均匀。把菊苣分装入4个盘子。加入温热的培根红酒醋混合物，轻轻搅拌。在每一份上面放一个水煮蛋，然后立刻端上桌。

七种食材的奇妙旅行

被带到西印度群岛的伊斯帕尼奥拉岛（Hispaniola），经过繁衍生息，它们成为岛上数量众多的野生动物。西班牙人把猪引入到中美洲和南美洲。西班牙人埃尔南多·德·索托（Hernando de Soto）于1539—1542年期间，将猪引入到现在美国的佛罗里达州。另一个将猪引入北美洲的重要人物是英国探险家沃尔特·雷利（Walter Raleigh），他于1607年把猪带到了约翰·史密斯①建立的詹姆斯敦（Jamestown），在那里猪的数量成倍增长。

猪在北美洲大量繁殖，受到了当时殖民者的重视，他们认为猪是一种有用的动物，而作为一种用盐和新鲜猪肉制成的腌制食品，咸肉成为北美洲饮食的重要组成部分。19世纪，挪威人奥勒·蒙克·雷德（Ole Munch Raeder）记录了北美洲的生活，他写道："我忍不住要为美国人最喜爱的宠物猪说几句好话。还没有在哪一个城市、县或镇上看不到这种可爱的动物成群结队安静地游荡呢。"

18世纪和19世纪见证了不同品种猪的发展，英国做了很多实验。20世纪，随着大规模工业化养猪业的发展，生产瘦肉的猪的数量出现了增长，因为长期以来人们珍视的脂肪已不再受到青睐。如今，猪肉是世界上被消费得最多的肉类，中国的人均猪肉消费量接近榜首。

传说中的野猪

人类与猪的长期关系不仅体现在它在农业的用途上，还体现在民间传说和神话中，这表明了猪的历史重要性。

中国的十二生肖至少可以追溯到汉朝，其中包含12种动物。12种动物的最后一种就是猪。传说，猪排在最后一位是因为当玉皇大帝召唤动物们时，猪——要么是因为懒惰，要么是因为肥胖——都是最后到达的。人们认为，属猪的人富有同情心、慷慨大方、注意力集中。

在古希腊神话中，猪的形象则十分可怕，比如巨大的厄律曼托斯野猪。大力神赫拉克勒斯的十二项任务之一就是活捉这头巨大凶猛的野猪。这头野猪生活在厄律曼托斯山上，对阿卡迪亚人的庄稼和牲畜造成了巨大的破坏。大力神抓住了野猪，又按照欧律斯透斯国王的指示，

---

① 约翰·史密斯：英国殖民者、探险家。

把野猪带了回来。胆小的国王一见野猪，吓得跳进一个大罐子里躲了起来。

猎杀强壮的野猪是古代传说中反复出现的主题。罗马诗人奥维德在他著名的作品《变形记》中，讲述了一个关于卡吕冬野猪（Calydonian boar）的复杂故事。在这个希腊神话中，因为卡吕冬国王不尊重女神阿尔忒弥斯（Artemis），所以她召唤冥界的巨大野猪来蹂躏卡吕冬王国。一群希腊英雄，与处女猎人阿塔兰忒（Atalanta）一起，成功地杀死了野猪，但他们之间的争吵带来了悲惨和致命的后果。这个故事流传了几个世纪，以多种方式被描绘出来，有的在花瓶上，有的在石棺上，佛兰德斯艺术家彼得·保罗·鲁本斯的著名画作《狩猎卡吕冬野猪》（*The Calydonian Boar Hunt*）也描绘了这个故事。

> 猎杀强壮的野猪是古代传说中反复出现的主题。罗马诗人奥维德在他著名的作品《变形记》中，讲述了一个关于卡吕冬野猪的复杂故事。

野猪在凯尔特神话中扮演着重要的角色。在爱尔兰传说中，战士迪卢木多（Diarmuid）和格兰妮（Gráinne）之间有一个浪漫但命运多舛的爱情故事，这个故事有很多个版本。格兰妮是迪卢木多的朋友兼首领芬恩·麦克库尔（Fionn Mac Cumhaill）的未婚妻，后来，迪卢木多与格兰妮私奔了，但芬恩原谅了迪卢木多。然而，数年后，迪卢木多被一头施了魔法的巨大野猪刺死了，他在孩童时期就被警告不要捕猎野猪，因为这将导致他的死亡。在另一个版本的故事中，芬恩拥有一种能力，受伤的人喝了他手中的水后，伤口就能愈合，但是，芬恩没有立即拯救受伤的迪卢木多，而是让水从他的指缝间流走，因为他还记得迪卢木多带给自己的耻辱，所以迪卢木多不治身亡。

在威尔士神话中，图鲁夫图鲁维斯（Twrch Trwyth）是一种超自然的生物，它是一头由人变成的野猪。图鲁夫图鲁维斯的故事包含在英雄库尔威奇（Culhwch）和他深爱的奥尔文（Olwen，巨人的女儿）的故事中。人们在《马比诺吉昂》（*Mabinogion*）①中发现了这个故事。《马比诺吉昂》是12世纪和13世纪用威尔士语编写的口述历史传统故

---

① 《马比诺吉昂》：建立在古凯尔特人传说和神话基础上的威尔士民间故事集。

烤五花肉配苹果酱

4人份
准备15分钟
烹饪1小时30分钟

1.8千克的五花肉，用锋利的刀
在猪皮上划一些口子
1大瓣蒜或2小瓣蒜，去皮切成片
2汤匙茴香籽，捣碎（可选）
盐和现磨黑胡椒

苹果酱

450克煮熟的苹果，去皮，去
核，切片
2汤匙水
1—2汤匙糖

　　烤五花肉能让你同时享用到嫩滑多汁的烤猪肉和香脆、金黄色的烤猪皮。在英国，传统的苹果酱由绿色大苹果制成，是很好的配菜，因为它能解腻。

1　预热烤箱至220℃。把猪肉擦干。用一把小而锋利的刀，在五花肉的一侧切一些小口子，然后把大蒜片插入猪肉中调味。用捣碎的茴香籽摩擦肉，并用盐和胡椒给猪肉调味。用盐给猪皮调味，把盐揉擦进划开的口子。

2　把猪肉放在烤盘里，放入烤箱烤30分钟。把烤箱温度调到190℃再烤一个小时，直到脆皮变成金黄色，猪肉熟透。

3　当烤箱在烤猪肉的时候，准备苹果酱。把苹果和水放入一个小的、厚底的平底锅里。盖上锅盖，用小火煮10分钟，不时搅拌一下，直到苹果片变软。

4　加入糖，用木勺将其搅拌均匀。将苹果酱倒入碗中，冷却至室温。

5　把烤好的五花肉趁热端上桌，边上配苹果酱。

事集。最佳的英雄传统是，库尔威奇需要完成各种任务才能与奥尔文在一起，其中包括得到图鲁夫图鲁维斯头上的梳子和剪刀。这些任务如此艰巨，他不得不向他的堂兄亚瑟王求助，亚瑟王答应帮助他。亚瑟王和他的骑士们追捕图鲁夫图鲁维斯，他的许多手下都被这头野兽夺去了生命。不过，野猪最后交出了梳子和剪刀，失去了它的獠牙，死在康沃尔海岸上。

食用猪

几个世纪以来，猪肉的肥厚质感一直被认为是它的魅力所在。然而，在20世纪，人们开始饲养瘦肉猪，它的肉质更干、味道更差，所以猪肉的吸引力降低了。烤是许多国家烹饪猪肉的传统做法，包括英国、法国和中国。在西式烹饪中，猪肉常与苹果搭配，因为苹果的口感可以让猪肉变得不那么腻。

从古至今，人们一直特别喜欢的猪肉菜肴就是烤得酥脆的猪皮和多汁的肥肉。英国散文家查尔斯·兰姆在1906年发表的《论烤猪》（*A Dissertation upon Roast Pig*）中，对烤猪肉脆皮所带来的乐趣进行了著名而雄辩的描述。他认为：

> 没有任何一种美食能与烤猪脆皮相媲美，仔细观看，会发现它，烤得刚好，脆脆的，正如人们所说的那样，就连牙齿也被邀请在宴会上分享克服这小小的阻力带来的快乐，黏黏的油脂，啊，不要说它肥，随着时间的推移，能尝到一种说不清的甜味。

在中国，猪肉一直受到重视，猪肉菜肴的种类特别丰富。叉烧是将肉块浸泡在又咸又甜的腌料中烤制而成。腌料使肉呈现红棕色，不过如今人们也常使用红色的食物染色剂，因为红色在中国文化中是一种吉祥的颜色。叉烧（见第26页）通常可以简单地配着米饭一起吃，但叉烧片也被用来给许多菜肴增加风味和口感，包括炒饭或炒面条。

猪肉糜被人们广泛使用。人们用它来包饺子，和香菇一起制成肉丸子，比如狮子头，还有一道经典的四川粉丝菜肴用到了猪肉糜。这道菜的名字很有趣，叫"蚂蚁上树"。

杀猪

几个世纪以来，每年冬天宰一头猪是农村家庭的一件大事。欧洲中世纪的彩绘手稿，也就是"祈祷书"，通常会描绘从3月种植到9月收获葡萄的季节劳作。其中展示的传统劳动包括11月采集橡子喂猪和12月宰杀猪。选择在12月宰杀猪非常重要，有两个主要原因：猪可以为即将到来的苦寒和物资匮乏的冬季以及圣诞节提供食物，而且，这个月的天气足够寒冷，可以放心存放和腌制猪肉，不会腐坏。传统上，猪会在屠宰前的秋季被养肥。人们常常会在林地放养猪，这是授予欧洲农民的一种权利，他们可以把猪放归树林，这样猪就可以吃到季节性的山毛榉坚果、橡子和栗子，从而长得肥胖。在中国，每年的屠宰几乎都发生在1月或2月的农历新年前。

屠宰猪的历史记录清楚地表明，这是一项嘈杂、艰苦的工作，猪会尖叫，反抗命运。弗罗拉·汤普森在她的著作《雀起乡到烛镇》中，根据自己的记忆，描绘了19世纪末英国农村的生活。她在书中描述了猎野猪的人（旅行屠夫）是如何完成这项艰巨任务的。劳拉·英格斯·怀德的《大森林的小木屋》是根据她在19世纪七八十年代在美国中西部地区的成长经历写成的，是讲述美国拓荒生活的经典之作。她把宰杀猪描述为紧跟在水果和蔬菜收获之后的季节循环的一部分：

> 爸爸和亨利叔叔在猪圈附近生起了熊熊的篝火，烧了一大壶水。水烧开后，他们便去杀猪。而劳拉跑回屋内，把头埋进被子里，并用手指堵上耳朵，这样就听不见猪叫声了。[1]

杀猪通常由大家一起完成，家人和朋友会聚在一起吃饭。这是很必要的，因为杀猪需要做大量的工作，最开始需要收集柴火来烧一大桶滚烫的水。有时候，人们会搭建一个木制脚手架，把猪的尸体挂在脚手架上（方便处理）。把刚宰杀的猪头朝下挂在上面，然后割开它的喉咙放血，以便迅速冷却猪的身体。

---

① 引文来自《大森林的小木屋》，【美】劳拉·英格斯·怀德 著，张法云 译，北京：人民文学出版社，2017年版。

日式炸猪排

4人份

准备15分钟

烹饪12—16分钟

日式炸猪排酱

4汤匙番茄酱

1汤匙伍斯特酱

1汤匙黑糖

1汤匙老抽

1茶匙意大利香醋

4块里脊猪排，每块约重
225克，不含肥肉

葵花籽油或植物油，用于
油炸

85克日式面包糠

6汤匙面粉，加盐及胡椒粉
调味

2个鸡蛋，打散

配菜

米饭

白卷心菜丝

这道经典的日本猪肉菜肴深受各个家庭的喜爱。包裹有日式面包糠的炸猪排配上香浓的炸猪排酱、米饭和脆脆的白卷心菜，是一种简单但令人满足的搭配。

1 首先，把所有的食材混合在一个碗里，做成炸猪排酱。

2 用两张保鲜膜把猪排包裹起来。用肉锤捶打每一块猪排使其变嫩，直至其变为1厘米厚。

3 把油倒入炒锅或深平底锅，加热。放入一撮面包糠来测试温度。如果面包糠发出嘶嘶声，油就足够热了。

4 先给猪排包裹上调好味的面粉，再包裹一层蛋液，最后裹上一层面包糠。

5 把处理好的猪排放入热油中，4块猪排分两次炸，先炸3—4分钟，直到一面变成金黄色。然后翻个面，再炸3—4分钟，直到另一面变成金黄色，取出并用厨房纸巾吸去多余的油。

6 将每一块炸猪排切成条，然后立刻与米饭、白卷心菜、炸猪排酱一起端上桌。

猪 肉

接下来是烫猪，即把沉重的整只猪费力地放进热水里。浸泡的目的是放大毛孔，使猪毛更容易被刮掉，让猪皮变得光滑干净。在刮干净猪毛之后，就把猪的身体划开，把内脏取出来。然后，把清洗干净、掏空内脏的猪肉分割成小块，不同的部位可以用不同的方式烹饪或腌制。猪是一种有价值的蛋白质来源，而且过去，用这种方法屠宰的猪的每个部分都会被食用——本书"熟食店"一节会探讨这方面的内容（见第22—24页）。

除了协助屠宰和处理猪尸体的实际原因外，家人和邻居聚集到一起也是为了庆祝。在生活艰苦、节俭的农村地区，每年宰杀一头猪是一件大事。这给了人们一年一度品尝新鲜猪肉和其他佳肴的机会——偶尔吃一顿大餐。

在西班牙，"马坦扎"（*Matanza*，来自*Matar*，意为"杀死"）一词被用来描述传统上每年宰杀一头猪的行为。马坦扎仪式庆典为期2—3天，包括杀猪，然后分割猪肉。英国美食作家兼播音员伊丽莎白·卢亚德（Elisabeth Luard）在1986年出版的《欧洲农民烹饪》（*European Peasant Cookery*）一书中写道："直到最近，每年的生猪屠宰还是欧洲农民生活中最重要的美食活动。"

乳猪

2个月大，还在吮吸母猪的乳汁时被屠宰的小猪被称为乳猪。几个世纪以来，乳猪在世界各地的许多文化中都被视为美味佳肴。在动物还很小的时候就杀死它，而不是把它养到能供更多的人食用，是一种奢侈的行为，这意味着这种美食很难得。乳猪通常是整只烤制，长期以来人们把烤乳猪与盛大的宴席联系在一起，古希腊和古罗马的宴席中很流行吃烤乳猪。从吃的角度看，乳猪的肉又白又嫩，烤熟的猪皮脆而多汁，深受人们的喜爱。

在中国的婚宴上，每道菜都有象征意义，乳猪代表着美德和纯洁，婚宴上的乳猪象征着生育。在印度尼西亚的巴厘岛（印度教人口众多），婚礼或祈福等特殊场合会有一道名叫"烤乳猪"的乳猪菜肴。人们会在乳猪体内塞满由香草和香料制成的拥有浓郁香味的酱料，然后把它放在明火上烤熟。在法国作家古斯塔夫·福楼拜的小说《包法利夫人》

中，婚礼早餐的主角是一头乳猪："上了四盘牛排，六盘烩鸡块，还有炖小牛肉和三只羊腿，当中是一头烤得金黄透亮的乳猪，边上是四盆酸模叶香肠。"①

乳猪，又被称为"烧乳猪"（Cochon de lait），是美国卡郡式菜肴（Cajun cuisine）的特色之一。烹饪这道菜传统上是一项社区活动，整只乳猪用香料和香草调味，架在山核桃木所生的火上进行烤制。路易斯安那州曼苏拉镇声称该镇是这道菜的发源地。每年，曼苏拉镇都会举行一年一度的活动来庆祝节日，当天，大家会一起品尝这道历史悠久的菜肴。

熟食店

过去，杀死一头猪之后，会立即将其屠宰并加工，以免猪肉变质。当时的人们拥有令人钦佩的节俭美德，猪身上所有的瘦肉和脂肪都会得到使用。人们会把一些肉和器官放到一边，立即进行烹饪并食用，然后对其他部分进行加工，以便更长久地保存。被屠宰后，猪会流血，人们需要在猪血变质之前尽快进行烹饪处理。猪血肠，比如黑布丁②，是将猪血、切碎的猪肥肉和燕麦或切碎的洋葱混合在一起，塞进猪小肠里制成的一种食物，这是一种常见的做法。古希腊诗人荷马甚至在《奥德赛》中提到了猪血肠。猪血肠遍布欧洲，尤其是法国，法国拥有悠久的黑布丁传统。黑布丁由屠夫制作而成，不同地区有不同的配料，在诺曼底会添加切碎的苹果，在奥弗涅（Auvergne）会添加栗子。

"熟食店"一词来源于法语"char cuit"，意为"熟肉"，指的是由猪肉制成的产品。它可以追溯到15世纪，当时巴黎的商人有权利准备、烹饪和出售猪肉以及油脂。

"熟食店"（Charcuterie）一词来源于法语"char cuit"，意为"熟肉"，指的是由猪肉制成的产品。它可以追溯到15世纪，当时巴黎的商人有权利准备、烹饪和出售猪肉以及油脂。这一传统由专营店发展起来，这些专营店被称为熟食店，出售他们自己制作的猪肉美食。猪肉制品的种类繁多，包括猪肉和腌制的香肠、扁平香肠（Crepinettes,

---

① 引文来自《包法利夫人》，[法]福楼拜著，周克希译，上海：译文出版社，2012年12月。
② 黑布丁：是一种用动物血、肉、脂肪、燕麦和面包加工成的香肠。

烤猪肋排

4人份

准备10分钟

烹饪2小时10分钟

酸而咸甜的烧烤酱给排骨带来了一种奇妙的风味，使排骨成为一道可口的、令人垂涎欲滴的菜肴。这道菜是用烤架烹饪而成的，但是如果天气允许的话，把涂上酱料的排骨放在户外烤架上烤，这样排骨会冒一些烟。排骨上桌的时候配上土豆沙拉、甜玉米和凉拌卷心菜。

1.3千克猪肋排

盐和现磨黑胡椒

烧烤酱

1汤匙葵花籽油或植物油

1个洋葱，去皮切碎

2瓣大蒜，去皮

400克罐装番茄

125毫升水

4汤匙红糖

2汤匙伍斯特酱

4汤匙红酒醋

2汤匙番茄泥

2汤匙番茄酱

1汤匙蜂蜜

1茶匙烟熏辣椒粉

1 预热烤箱至200℃。用盐和胡椒给排骨调味。给排骨包上两层锡箔纸，放在烤盘上烤2个小时，直到猪肉变得软嫩。

2 现在制作烧烤酱。往锅里倒一些油，烧热，加入洋葱，小火炒10分钟，直到洋葱变成浅棕色。加入大蒜，炒1分钟至炒出香味。

3 加入罐装番茄、水、糖、伍斯特酱、醋、番茄泥、番茄酱、蜂蜜和烟熏辣椒粉。用盐和胡椒调味。烧开后，小火慢炖5分钟，不时搅拌。用电动搅拌机或手动搅拌机搅拌烧烤酱，直到均匀。

4 把烤架预热到很热。把锡箔纸打开，给排骨的每一边刷上烧烤酱汁，每边烤5分钟至入味。把黏黏的排骨和剩下的烧烤酱一起端上桌。

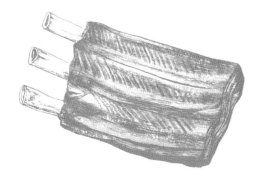

猪肉

用网油炸过的香肠馅饼）、熏香肠（Andouilles，猪肚香肠）、火腿、肉酱①（Pâtés，比如乡村肉酱）、猪头肉冻（Fromage de tête）、普通肉冻和熟肉酱（Rillettes，用猪油烹调肉类，然后将其捣成泥状，装入罐中）。此外，还有许多地区差异，增加了法国熟食的丰富性。创制这一系列的食品需要时间和技巧，所以法国人为他们的熟食传统感到自豪。

意大利也是一个拥有令人自豪的猪肉熟食传统的国家，其中包括干腌火腿（Dry-cured ham，见第30页）。意大利的特色猪肉熟食之一是名为萨拉米的腊肠，不需要烹饪，切成片就可以吃。其中最知名的是米兰萨拉米，因为它的产地分布很广泛。托斯卡纳的特产是托斯卡纳萨拉米，带有茴香籽的独特香味。来自意大利南部的萨拉米香肠，比如那不勒斯萨拉米，是典型的辛辣食物，带有辣椒的味道。其中最珍贵的是菲利诺萨拉米（Salame di Felino），这是一种精制意大利腊肠，用葡萄酒和胡椒调味，产自生活在帕尔马（Parma）附近的一种猪，帕尔马火腿就是用这种猪的肉生产的。摩泰台拉香肠（Mortadella）很特别，肠体粗大，呈亮粉红色，与萨拉米一起在熟食店出售，是一种质地光滑的熟猪肉香肠，最初源自博洛尼亚（Bologna）。制作摩泰台拉香肠时用干胡椒调味，最优质的摩泰台拉香肠里有开心果。摩泰台拉香肠不仅可以切成片食用，还可以用来做意大利面食的馅料和肉丸。

拉多（Lardo）不太出名，源自意大利附近，是一道用盐、香草和香料腌制猪背肥肉的特色菜。两种最知名的拉多来自托斯卡纳和瓦莱达奥斯塔（Valle d'Aosta），托斯卡纳的拉多是在大理石容器中腌制的，而瓦莱达奥斯塔的拉多则是在玻璃容器中腌制的。拉多通常被切成细条，单独食用或与面包一起食用，是一道开胃菜。

另一道历史悠久的意大利猪肉美食是库拉泰勒火腿（Culatello di Zibello），它是用猪大腿肉制成的。人们第一次提到它是在15世纪，它的产地和制作方法受到原产地命名保护的严格规定。将猪肉腌好，用麻绳捆扎成梨形，在潮湿的环境下存放至少12个月，在此期间，猪肉会散发出浓郁的香气，形成柔软的质地和特有的甜味。

---

① 肉酱：法式料理中常见的前菜，通常将禽肉与脂肪搅碎成可以涂抹的糊状，放入烤模压成形烘烤后，再放入冰箱冷藏食用。

中国熟食店

在中国，猪肉是一种非常重要的食材，以猪肉为基础的熟食有着悠久的历史。金华火腿是一种盐腌火腿，从唐朝开始制作，学者们发现，最早是唐朝时期记载了中国东部浙江省金华市制作金华火腿的。从古至今，火腿都是由中国的两头乌猪（因其独特的黑白斑纹而被昵称为"两头乌"或"熊猫猪"）的腿制成的。两头乌猪是一种生长缓慢的品种，因其肉的味道而闻名。传统上，火腿制作于寒冷的冬季，需盐腌制新鲜猪腿，然后清洗、成型、干燥、熟化几个月。由此制成的火腿是一种非常珍贵的美味，据说宋朝开国皇帝很喜欢吃金华火腿，曹雪芹在其著名小说《红楼梦》中也有描写。

金华火腿呈深红色，紧致、耐嚼、口感丰富，呈咸味。在中国传统习俗中，它被用作增味剂，而不是像意大利帕尔马火腿（Parma ham）或西班牙索拉娜火腿（Serrano ham）那样单独食用。它常被加入炖菜和汤，比如"佛跳墙"，这是一道诱人而奢侈的汤菜，里面满是各种昂贵的食材，如鲍鱼和干贝。

叉烧（中国烤猪肉）

4人份
准备10分钟，腌制4小时
烹饪1小时

3汤匙生抽
3汤匙砂糖
1汤匙中国米酒
1汤匙海鲜酱
1茶匙五香粉（可选）
500克去皮猪里脊，切成5厘米
宽的肉条
蜂蜜，用来增加色泽

这道广受欢迎的中国猪肉菜肴既可以在烤好后热食，也可以常温食用，通常只需配上米饭和经过焯水并用蚝油拌过的中国蔬菜（如小白菜、菜心或芥蓝）即可食用。

1 将酱油、糖、中国米酒、海鲜酱、五香粉拌匀，即可制成腌料。

2 将猪肉放入大碗中，均匀地裹上腌料。盖上盖子，放入冰箱腌至少4个小时或一整夜。

3 预热烤箱至200℃。将沸水倒入烤盘至水深约1英寸①。把腌好的猪肉条串在烤架上，刷上腌料，再把烤架放在水面之上。保留剩余的腌料备用。

4 烤30分钟。把猪肉条翻一面，刷上剩余的腌料，再放回烤箱。将烤箱温度调至175℃，再烤30分钟直到完全熟透。

5 把猪肉从烤箱里拿出来，在猪肉条的每一面都涂上薄薄一层蜂蜜。切成小片，趁热食用或常温食用。

———————————
① 1英寸：约2.54厘米。

一种更实惠、更普通的中式熟食是腊肠。腊肠是一个通用的名字，指的是腌制、风干后的香肠，腊肠是一种干的、腌制过的、看得见脂肪的猪肉香肠，用盐和糖调味，有助于腊肠的保存。有时制作腊肠时也加入米酒或玫瑰利口酒。腊肠也包括用猪肝或鸭肝做的香肠，以及用五香粉或花椒调味的辣味香肠。腊肠的质地非常特别，紧致、耐嚼，在吃之前需要煮熟，是粽子、萝卜糕这类点心的特色配料。腊肉是中国的腌制五花肉，可以风干，也可以熏制。腊肉可以用来给煲仔饭、炒饭等美食增添风味和口感。

培根

英国和美国的早餐桌上常会见到培根。培根是一种常见的腌制猪肉，由猪侧面的肉制成。不同的猪肉部位会被制成不同类型的培根，五花肉被用来制作所谓的"五花培根"（肉上布满了脂肪），而更瘦的"外脊培根"则来自猪的背部。

传统上，培根是用盐干腌鲜肉制成，需要进行熏制以延长其保存期限。在农村地区，培根是一种重要的食物，用来给有限的饮食增添风味。英国的专栏作家、记者和农民威廉·科贝特（William Cobbett）在其著作《农舍经济》（*Cottage Economy*）中提到了培根的重要性。他注意到，农夫拥有几片培根"比整卷的刑法更能防止一个人偷窃"。在英国，地方腌制方法得到了发展，1794年就有书籍提到威尔特郡培根（以一个因生产猪肉而闻名的郡命名）。维多利亚时代的畅销书《家务管理》（*The Book of Household Management*）的作者是伊莎贝拉·比顿（Isabella Beeton），她在描述威尔特郡的培根制作方法时提到要使用盐和糖。在苏格兰，艾尔郡培根（Ayrshire bacon）有独特的腌制方法。在制作培根时，人们一般不会用开水烫猪肉，通常会把培根卷成圆形。在萨福克郡（Suffolk），你会看到萨福克甜腌培根（有时也被称为黑培根）的传统，即腌制过程中加入糖浆，并且进行加热熏制，使其具有甜味和独特的深色外观。熏肉生产的工业化，见证了湿腌的发展和针加工的广泛使用，在制作过程中，猪肉被注入盐水，以缩短通常的腌制时间。

在意大利，五花肉，也就是用来制作五花培根的那块肉，是用盐和香料调味的，腌制后变成了意大利烟肉（Pancetta）。它有两种制作方式：一种是保留肉块原始形状的扁平培根（Tesa），另一种是将肉卷成圆形的卷装培根（Arrotolata）。意大利人会用切碎的意大利烟肉、洋葱和芹菜一起制作索福里托（Soffrito），这种油炸混合调味料是制作许多意大利菜的第一步。

香肠

经典的猪肉熟食制品之一是普通香肠。在养猪的地方都能找到各种各样新鲜的、腌制的和煮熟的香肠。香肠（Sausage）这个词来源于拉丁语"salsicia"，而salsicia又源于salus，意思是"咸的"，盐是保存鲜肉的必需条件。猪肉香肠是用剁碎的盐调过味的肉塞进猪小肠做成的天然肠衣里制成的。香肠的制作可以追溯到很久以前。古希腊作家阿里斯托芬在他的戏剧《骑士》（*The Knights*）中提到了血香肠。1世纪的罗马美食家阿比修斯（Apicius）在他的食谱集《论烹饪》（*On the Subject of Cooking*）中提到了卢加内加香肠（Luganega sausage），如今的意大利还在制作这种口味比较淡的香肠。

香肠的令人赞叹之处在于其丰富多彩的风味和质地。新鲜香肠的制作方法方便人们在香肠做成后不久就将其煮熟食用，香肠的风味多种多样，不同国家、地区和不同人的制作方法都各不相同。传统上，人们会往香肠中加入香料和香草，香料既可以防止香肠腐坏，也可以为香肠增添风味。英国的坎伯兰香肠（Cumberland sausage）用大量黑胡椒和鼠尾草末调味。西班牙和葡萄牙的乔利佐香肠（Chorizo sausage, chourico）由于添加了甜的或辣的辣椒粉（Pimentón，西班牙辣椒粉）而呈现出独特的橙红色和独特风味。在泰国，猪肉香肠用香茅、柠檬叶、高良姜和辣椒调味，从而形成辛辣的口味。在意大利，茴香或大蒜是制作新鲜香肠的常用调味料，这种香肠被称为"意大利茴香香肠（Salsicce）"。

> 香肠的令人赞叹之处在于其丰富多彩的风味和质地。新鲜香肠的制作方法方便人们在香肠做成后不久就将其煮熟食用，香肠的风味多种多样。

香肠在德国菜肴中也扮演着重要的角色，深受人们喜爱，大约有

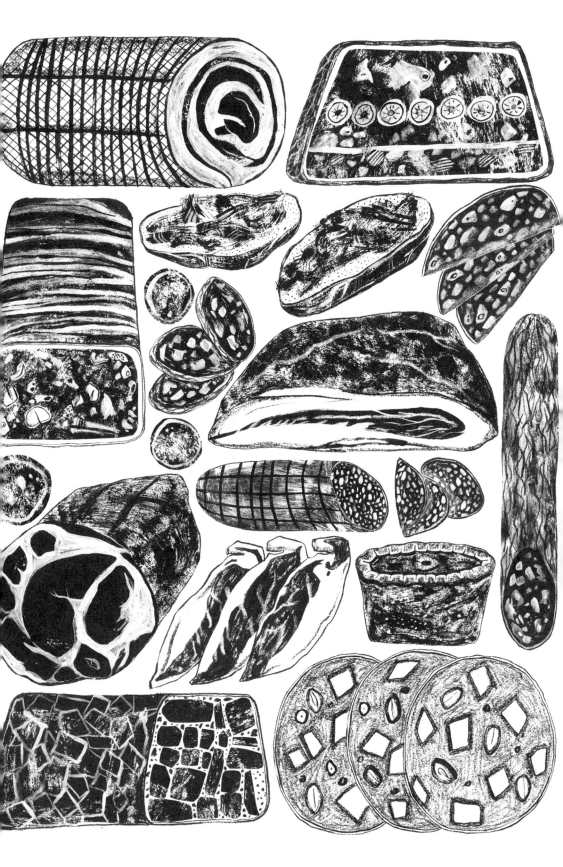

1500 种。这些香肠可以分为三大类：煮香肠（Brühwurst，需要加热才能食用的烫香肠）、熟香肠（Kochwurst，完全煮熟的香肠）和生香肠（Rohwurst）。到目前为止，德国最受欢迎的香肠类型是煮香肠，其中的一个例子是伯克肠（Bockwurst），由小牛肉和猪肉混合制成，并加入辣椒和香葱调味。19 世纪，讲德语的中欧移民把这种香肠引进到美国，并取得了巨大的成功。美国热狗的起源可以追溯到法兰克福香肠（起源于法兰克福的一种细长的熏制猪肉香肠）和维也纳香肠（一种类似的香肠，由猪肉和牛肉混合而成）。在美国，这些香肠被称为"法兰克福香肠"或"维也纳香肠"。人们对法兰克福香肠或维也纳香肠是在什么地方、什么时候第一次被夹在面包里做成热狗是有争议的。当然，到了 19 世纪末，美国的许多城市已经在销售法兰克福香肠和夹在面包里的维也纳香肠。如今，热狗是一种标志性的美国食物，世界上许多地方的人都会吃热狗。

火腿

火腿，历史上由猪的后腿制成，长期以来一直受到人们的喜爱。在《农业志》（De Agri Cultura）中，罗马元老院议员和历史学家老加图（Cato the Elder）描述了人们是如何通过腌制、风干、熏制猪腿肉制成火腿的。经过熏制的肉能保存更久，熏制给肉添加的风味也受到人们的喜爱。德国的黑森林火腿（Black Forest ham）和法国的巴约纳火腿（Bayonne ham）是欧洲的两种家喻户晓的熏火腿。在美国，史密斯菲尔德火腿（Smithfield ham）是一种历史悠久的产品，以弗吉尼亚州一个小镇的名字命名。真正的史密斯菲尔德火腿是在橡木、山胡桃木和苹果木生成的火上进行冷熏，再经过至少 6 个月的熟化制成的。

干腌火腿是最珍贵的猪肉熟食之一。干腌火腿由猪腿肉制成，先抹上盐、静置，然后在特定的条件下精心腌制几个月。在此期间，火腿会变干，质地和味道会发生变化。意大利的帕尔马火腿是一种著名的风干火腿。在意大利，你还会遇到圣达尼埃莱熏火腿（Prosciutto San Daniele），这种火腿产自弗留利-威尼斯朱利亚大区，以圣达尼埃莱镇命名，这里一直出产熏火腿，火腿至少熟化 13 个月，特点是味道香甜。

在西班牙，生火腿（Jamón，干腌火腿）深受人们的喜爱，在西班牙美食中占据核心地位，有着传奇的生产历史。据估计，西班牙每年

红酒煎西班牙辣香肠

4人份
准备10分钟
烹饪16分钟

美味的西班牙辣香肠是由猪肉加上红辣椒粉制成的,红辣椒粉在西班牙是一种受欢迎的配料。这是一道快速、简单的经典西班牙餐前小吃,可以在西班牙酒吧配上一杯葡萄酒享用。购买配料时,请记住,这道菜需要新鲜的西班牙辣香肠,而不是直接就可以吃的干腌西班牙辣香肠。

1汤匙橄榄油
4根新鲜西班牙辣香肠,切成宽2.5厘米的小片
1个洋葱,去皮切片
1瓣大蒜,去皮切碎
125毫升红葡萄酒
切碎的欧芹,用来装饰(可选)
乡村面包,切片,上桌

1　在厚底煎锅里倒入一些橄榄油,加热。放入西班牙辣香肠,用中火煎5分钟,不时翻炒一下,直至略呈棕色。

2　加入洋葱,翻炒5分钟,直到洋葱边缘微微泛黄。加入大蒜炒1分钟,直到散发出蒜香。

3　加入红酒,煮5分钟,不时翻炒一下,让西班牙辣香肠沾上红酒汁。

4　用欧芹装饰一下,马上端上桌,用乡村面包蘸上美味的汤汁食用。

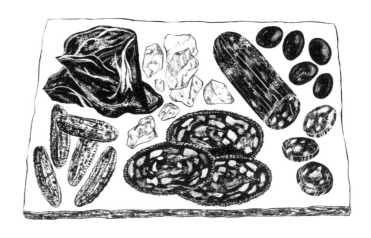

猪 肉

中国猪肉锅贴

制作 20 个锅贴

准备 25 分钟

烹饪 12 分钟

中国有做猪肉饺子的悠久传统，饺子可以水煮、清蒸或油炸。这些小而美味的锅贴里塞满了好吃的调味猪肉糜，再配上蘸酱，可以作为中国餐桌上极好的头道菜。

115 克肉末

1 根大葱，切碎

1 瓣大蒜，切碎

1 茶匙姜末

1 汤匙生抽

1 茶匙黄酒

1 茶匙芝麻油

20 片饺子皮

1 汤匙植物油

75 毫升冷水，如果需要，再加一些

蘸酱

4 汤匙生抽

1 汤匙陈醋

1 茶匙芝麻油

1 茶匙姜末

1　首先准备馅料。将猪肉、大葱、蒜、姜放入碗中拌匀。加入酱油、黄酒和麻油拌匀。

2　舀一茶匙猪肉糜放在饺子皮的中间。蘸少许水轻轻擦过饺子皮的边缘，把饺子皮对折，把馅料包裹起来，用手指捏紧边缘，打好褶。重复这个过程，直至包好所有的饺子。

3　往一个大的、有盖的、厚底的、不粘的煎锅里倒入一些油，把油烧热。把饺子放进去，褶皱部分朝上，平铺在锅里。调到中火，煎 2 分钟，直到饺子底部微微变黄。

4　往锅里倒一些水，没过饺子。立刻盖上盖子，调到中低火，煮 10 分钟，中途打开盖子检查一下。如果你在检查的时候发现，所有的水都烧干了，那么再加 2—3 汤匙水，盖上盖子煎 5 分钟。

5　煎饺子的时候，把蘸酱的配料放入一个碗，搅拌均匀。

6　把刚煎好的饺子和一碗蘸酱一起端上桌。

七种食材的奇妙旅行

生产超过4000万只干腌火腿，西班牙人每人每年平均消费超过3千克火腿。广义上来说，西班牙有两种生火腿，这两种生火腿是用不同品种的猪制成的。第一种名叫塞拉诺火腿（Jamón serrano），由欧洲白猪（Cerdos blancos）制成，这种猪的体重增长很快。西班牙生产的干腌火腿主要是塞拉诺火腿，虽然有一些生产商很有名气，但人们依然把它看成是"日常"火腿。第二种生火腿叫作伊比利亚火腿（Jamón ibérico），产自西班牙本土的伊比利亚猪。伊比利亚猪的毛发和脚都呈黑色，因其蹄子是黑色的被亲切地称为黑蹄猪（Pata negra pigs）。这个品种的猪发育速度较慢，产的仔比欧洲白猪小。西班牙的生火腿中只有大约10%是伊比利亚火腿，伊比利亚猪制成的火腿被认为是一种美味。

　　猪的饲养方式对于火腿的分类来说非常重要。"De cebo"指在养猪场用谷物饲养的猪。"De recebo"指自由放养，可以进入牧场，以谷物和一些橡子为食的猪。最珍贵的是伊比利亚橡果火腿。制作这种火腿的伊比利亚猪可以在牧场自由穿梭〔安达卢西亚（Andalusia）、埃斯特雷马杜拉（Extramadura）和萨拉曼卡（Salamanca）地区的含有河中小岛和软木橡树的林地〕。在被称为蒙塔内拉（Montanera）的橡子季节，从秋天到春天，大量的橡子会从橡树上掉落下来，铺满地面。这些橡子被漫游的伊比利亚猪津津有味地品尝着，使它们的肉带有一种特殊的甜味和坚果味，这就是著名的伊比利亚橡果火腿所特有的口感。橡子富含油酸，它还有一个好处，能制成富含不饱和脂肪酸的火腿，促进人体产生"好的"胆固醇，减少"坏的"胆固醇。这种火腿营养丰富，易消化。腌制伊比利亚橡果火腿是一项技术精湛的工艺，在腌制过程中，腌肉在几个关键阶段要处于不同的温度环境下。经过最长3年的熟化，火腿的鲜味变得格外浓郁。传统上，人们会把这种昂贵的火腿切成细碎的小块，常温食用，这样才能充分感受到它的香气。

猪油

　　历史上，猪不仅是肉的重要来源，也是油脂的重要来源，即猪油。在农村家庭，每年宰猪后会有一项任务，那就是从猪身上提取猪油。人们会切下肥肉、剁碎，然后用小火慢慢加热，不让它温度过高，直至炸出猪油，然后过滤掉油渣。猪身上不同部位的脂肪在质地和味道上各不相同，因此价值也不同。传统上，最珍贵的板油（Leaf or flare lard）由积聚在肾脏周围和腰部的脂肪制成，这种猪油呈白色，味道不肥腻。紧致的背部脂肪也很有价值，人们会把它制成熟肉制品，比如萨拉米，或炼成高质量的猪油。从内脏和肌肉层之间的"软脂肪"中提取出来的猪油最为普通。

猪油一旦制成，就可以保存和使用好几个月。制作猪油的过程中会产生一个副产品——小而脆的褐色猪油渣。美国人会把猪油渣挑出来，晾干、磨碎、储存起来，常会用它来给玉米烤饼调味。玉米烤饼是美国作家劳拉·英格斯·怀德在她的"小木屋"系列童书中记录的一种以玉米为原料的炉烤面包。

在许多国家，包括美国，猪油是烹饪中必不可少的油脂。在中国，人们会用猪油烹饪某些食物，从而使菜肴的口感更加醇厚。在中美洲和南美洲，人们在烹饪时会广泛运用猪油来炸食物或制作（墨西哥）玉米粉蒸肉等菜肴。美国国内的生猪屠宰记录清楚地表明了猪油的重要性——这种提炼出来的脂肪将被储存和使用一年，直到杀猪季节再次来临。猪油是一种用途广泛的烹饪油脂，使用方法很多样，甚至可以把它涂在面包片上食用。它烟点比较高，这意味着它非常适合用来油炸食物，北美炸鸡的经典做法就是用猪油油炸。

由于它的晶体结构，猪油可以有效地缩短糕点的制作时间，因而历史上经常被用于制作糕点。在南美洲，人们在制作肉馅卷饼的面团时会加入猪油，以烹饪出特有的柔软质地。英国猪肉馅饼是一种具有历史意义的美食，自18世纪以来就与莱斯特郡梅尔顿莫布雷（Melton Mowbray, Leicestershire）的集市城镇联系在一起。包着猪肉馅的外皮是用猪油、面粉和热水制成的。另一种具有历史意义的英国美食是猪油蛋糕（Lardy cake），在以养猪闻名的农村地区最为常见。这是一款非常奢侈的庆祝蛋糕，通常在收获季节制作。

猪油有助于保存食物，所以这也是它的一种用途。法国西南部有着悠久的油封肉（Confit）①传统，confit这个词

① 油封肉：把肉放在其自身的油脂中慢慢煮熟。

琉璃烤火腿

8—10人份

准备25分钟，再浸泡一夜

烹饪4小时

一整只上了浆汁的晶莹剔透的烤火腿能给人带来视觉享受。传统上，烤火腿与特殊的庆祝活动有关，比如新年。火腿足够大，可以供一大群人食用，可以从烤箱里拿出来趁热吃，也可以放到常温后吃，这是一道非常适合聚会的菜肴，因为它可以提前做好。

一只重5千克的生烟熏或非烟
熏带骨火腿

1个洋葱，去皮切丁

2根胡萝卜，切成块

一小把欧芹

2根芹菜梗，切碎

浆汁

6汤匙浅红糖①

2茶匙磨碎的橙子皮

1汤匙芥末粉

少许丁香撒在火腿上

1　把火腿放入冷水中浸泡一夜，去掉多余的盐。

2　第二天，擦干火腿，把火腿和洋葱、胡萝卜、欧芹、芹菜一起放进一个大锅里。倒入冷水直到没过火腿，煮开后继续煮5分钟，撇去浮沫。盖上锅盖，小火慢炖3小时40分钟，直到熟透。

3　把火腿捞出来，保留煮火腿的水，之后用来煮汤。

4　预热烤箱至220℃。

5　把火腿晾凉，小心地切掉表皮，留下一层白色脂肪。在肥肉上交叉切出菱形图案。

6　把红糖、橙皮和芥末粉混合在一起，做成浆汁。把浆汁均匀地涂在肥肉上。往每个交叉点塞入一粒丁香。

7　把火腿放在烤盘上，烤15分钟左右，使浆汁凝固。从烤箱里拿出后即可食用，也可以放置到室温后食用。

---

① 浅红糖：颜色较浅，含糖量较低的红糖。

来自confire，意思是"保存"。在制作油封肉时，先将猪、鸭、鹅等天然富含脂肪的动物肉用盐腌好，然后用这种动物自己的油脂将其慢慢地煮熟。在冷却后，传统的做法是把油封肉装进陶罐里，放在阴凉干燥的地方，可以保存几个月。油封肉口感独特，入口即化，是一种美味，可以热吃，也可以冷吃，通常会配上蒲公英或菊苣沙拉，以减少油腻感。

近几十年来，世界上许多国家都开始减少使用猪油烹饪，转而使用植物油和人造黄油，因为人们认为这是更健康的选择。然而，动物脂肪，如黄油和猪油，正东山再起，因为研究表明，它们可能并非那么的不健康。

蟾蜍在洞

4人份

准备15分钟

烹饪45分钟

没有人真正知道这道英国传统香肠菜肴是如何获得这个引人注目而又独特的名字的，但大概是因为香肠从面糊中露出来的缘故吧。这是一道备受喜爱的家庭料理，如今的英国家庭仍会制作这道美食。

120克普通面粉

一小撮盐

2个鸡蛋

300毫升牛奶

2汤匙葵花籽油或植物油

8根香肠

洋葱肉汁

1汤匙植物油

2个洋葱，去皮，切成薄片

1片月桂叶

少许干红葡萄酒

300毫升鸡汤

盐和现磨黑胡椒

1 预热烤箱至220℃。

2 首先准备面糊。把面粉和盐筛入搅拌盆。打碎两个鸡蛋放到面粉中间。慢慢地加入牛奶，搅拌均匀，直到形成浓厚、顺滑的面糊。放到一边备用。

3 往一个小烤盘里倒入一些油，在火上加热，倾斜烤盘使油均匀覆盖盘底。把香肠放到烤盘里，进烤箱烤15分钟，不时翻面，直到香肠表面均匀地变黄。

4 把面糊倒进烤盘里，裹住香肠，再进烤箱烤30分钟，直到面糊膨胀，变成金黄色。

5 在烤的同时制作洋葱肉汁。往煎锅里倒入一些油，烧热。加入洋葱和月桂叶，用中低火煎10分钟，不时搅拌，直到洋葱变成浅棕色。加入红酒，煮2—3分钟，直到收干大部分水分。

6 加入鸡汤，煮沸，调至小火，炖10—15分钟，直到高汤变调。用盐和黑胡椒调味。

7 把刚从烤箱里拿出来的蟾蜍端上桌，旁边放上洋葱肉汁。

猪 肉

蜂 蜜

甜味是我们舌头能感知到的五种基本味道之一，人类天生就会被甜味吸引。几个世纪以来，蜂蜜一直是我们最主要的甜味剂，我们非常珍视它。在许多文化中，蜂蜜被看作上天赐予人类的礼物。

蜂蜜（一种天然的甜味剂）是由蜜蜂制造的。在2万种蜜蜂[蜜蜂属（Genus Apis）的成员]中，被人们认识的只有7种，其中最常见的是西方蜜蜂（Apis mellifera）。只有这几种蜜蜂才会采花蜜制作蜂蜜，并将其储存在巢穴中作为食物来源，以供整个蜂群度过严冬。蜂蜜含82%的碳水化合物和18%的水，由20多种糖组成，主要是果糖和葡萄糖，含量较低的是麦芽糖、蔗糖和其他复合糖。它也是酸性的，平均pH值为3.9，但它的甜味掩盖了其酸味。长期以来，人们一直珍视这种辛勤采集、精心储存的甜味物质，一开始是从野外的蜜蜂那里采集，后来人类开发出了一套养蜂体系，就可以从人工饲养的蜜蜂那里采集蜂蜜。

人类与野生蜂蜜之间的关系由来已久，但人类何时何地开始食用野生蜂蜜则无法考证了。因为我们有品尝甜味的能力，而且蜂蜜会给我们带来愉悦的感觉，所以当人类在野生蜜蜂的蜂巢中发现这种神秘的、令人惊讶的甜味物质时，就自然而然地喜欢上了它。于是，人类像熊或猴子之类的野生动物一样，寻找野生蜜蜂的蜂巢，吃里面的蜂蜜。对采集蜂蜜最早的描述之一是西班牙瓦伦西亚（Valencia）阿拉那洞穴（Cuevas de la Araña，蜘蛛洞）里的一幅史前壁画，被认为大约有8000到1万年的历史。这幅壁画展现了一个人类形象，他好像在使

用绳子或藤条，也好像是站在梯子上（根据不同的解释），从野生蜜蜂的蜂巢中采蜜，而可怕的蜜蜂则在他附近盘旋。我们都知道，几百只蜜蜂在即将失去宝贵的蜂蜜时可能通过蜇人来进行攻击，所以这是一项危险的工作。至今，非洲、亚洲、澳大利亚和南美洲的土著人群仍然在采集蜂蜜。几个世纪以来，尼泊尔古隆族部落的人一直在喜马拉雅山脉的悬崖上采集蜂蜜，关于他们采蜜的当代摄影作品与古老的洞穴壁画非常相似。

几千年来，人类一直从野外采集蜂蜜。在古埃及，我们第一次发现了养蜂的记录。舍赛皮布里（Shesepibre，意为"太阳神的喜悦"）太阳神庙墙壁上的浮雕大约雕刻于公元前2400年，浮雕展现了养蜂的场景，其中有蜂房，好像还记录了"吹烟"让蜜蜂安静下来的做法。蜂蜜对古埃及人来说非常重要，当局控制着蜂蜜的使用。政府官员拥有例如"蜂蜜密封人"或"所有养蜂人的监督者"的头衔。养蜂人为蜜蜂提供人工蜂房，然后取走蜜蜂储存在蜂房的蜂蜜，这种做法在许多国家传播开来。例如，我们知道，公元前1500年，黎凡特地区（Levant）的人开始养蜂，因为赫梯人（Hittite）的法律规定了偷窃蜂群和蜂箱必须受到惩罚。在公元前6世纪的中国，已经有书提到了养蜂。在中美洲，阿兹特克人和玛雅人都养着没有刺的美洲蜜蜂。在中世纪的欧洲，修道院是重要的养蜂中心，蜂蜜被用来增加食物的甜味和制造蜂蜜酒（见第63页），而从蜂房里收集的蜂蜡则被用来制作蜡烛。

蜜蜂是如此有用，所以人类通过征服或贸易把它们带到了全球的新领地。蜜蜂不是北美洲本土的，而是在17世纪早期由殖民者从欧洲引进的。科学家对美国蜜蜂基因组的研究表明，它来自三个欧洲亚种。19世纪，西班牙人将欧洲蜜蜂带到中美洲和南美洲。同样在19世纪，英国殖民者把他们本土的蜜蜂引进到了澳大利亚和新西兰。

蜂蜜是人类历史上最珍贵的甜味剂。在《圣经》中，迦南之地多次被描述为"流淌着奶与蜜之地"，意味着拥有许多好东西。我们可以看到，蜜蜂和蜂蜜在世界各地的宗教和民间传说中拥有什么样的特点（见第50页）。蜂蜜被认为是来自上天的礼物，并因其治疗作用而受到认可（见第54页）。人类对蜂巢复杂的社会结构有着长久的迷恋，而工蜂经常被当作模范公民的榜样。古罗马博物学家老普林尼在他的《自然史》中写道：

蜂蜜蛋糕

做一个直径20厘米的蛋糕
准备15分钟
制作45分钟

在许多文化中，庆祝特殊节日的时候会制作蜂蜜蛋糕，它是甜蜜和繁荣的象征。这种质地轻盈、香气扑鼻的蛋糕非常适合与茶或咖啡一起食用。

4个鸡蛋，把蛋黄和蛋白分开
115克细白砂糖
115克咸黄油，软化，再加一小块用于润滑蛋糕模具内壁
1茶匙肉桂粉
0.5茶匙肉豆蔻粉
满满3汤匙蜂蜜
2汤匙橙汁
取一个橙子，榨汁，橙皮磨碎
175克自发面粉，过筛

1 预热烤箱至160℃。往直径20厘米的活底蛋糕模具内壁涂上黄油。

2 快速搅打蛋白，至提起打蛋器时泡沫弹性挺立，但尾端稍弯曲。分几次加入60克白砂糖，继续快速搅打，直到提起打蛋器时见短小直尖角。放一边备用。

3 用木勺把黄油和剩下的糖搅拌成奶油状。把蛋黄一个一个地打进去。加入肉桂和肉豆蔻。将蜂蜜倒入充分混合，然后加入橙汁和橙皮碎。

4 用金属勺轻轻拌入面粉，然后拌入打发好的蛋白。将蛋糕糊倒入准备好的蛋糕模具中。

5 烤45分钟，直到呈金黄色。插入烤肉叉子或鸡尾酒棒，检查蛋糕是否烤透；如果取出后叉子或鸡尾酒棒是干净的，那么蛋糕就做好了。

6 冷却后上桌。

大自然是如此伟大，她从一个微小的、幽灵般的生物身上创造出了无与伦比的东西。我们如何与蜜蜂所表现出的高效率和勤奋相比较呢？

英国剧作家威廉·莎士比亚在《亨利五世》中写到蜜蜂的服从：

> 服从天命而行，
> 如蜜蜂这天性有序的生物，
> 以规矩之道，
> 晓示人伦之邦。
> 蜜蜂之国有国王和文武百官，
> 有些如各级官员，掌治于内，
> 有些如经商之流，闯荡天涯，
> 余者身带蜂刺，如兵丁持戈，
> 大肆掠取夏之葳蕤花蕾芬芳，
> 欣喜载途，运掳物班师回朝，
> 奉与帷幄中君临天下的帝王，
> 他忙于巡视哼歌而劳的工匠，
> 把他的黄金屋宇造得怎么样，
> 顺民们忙碌为他把甜蜜酿造，
> 可怜的运工们把沉重的财货，
> 络绎地扛进帝王的窄门深宫，
> 而那铁面的法官哼一声威严，
> 把打哈欠的懒雄蜂处以极刑，
> 死在无情的刀斧手的屠刀下。[①]

然而，蜂蜜作为主要甜味剂的地位受到了糖的挑战。糖最初是由甘蔗的甜汁制成的，在中世纪，制糖既昂贵又耗时。然而，到了18世纪，

---

① 引文来自《亨利五世》（莎士比亚全集），张顺赴译，北京：外语教学与研究出版社，2016年1月。

由于殖民地种植园使用奴隶劳动力，糖变得更加便宜和容易获得。如今，蜂蜜比糖或其他人工甜味剂要贵得多。虽然蜂蜜被认为是一种奢侈的食品，而不是必需品，但人们依然对它充满感情，蜂蜜会让他们联想到童年。而且，有趣的是，人们一直认为蜂蜜拥有特殊的、有益健康的成分（见第54页）。

我们现在知道蜜蜂是传粉者，它在农业中扮演着非常重要的角色。蜜蜂在忙碌地寻找花蜜的过程中，会把花粉从一朵花带到另一朵花上，以确保授粉的发生，从而使我们的农作物获得丰硕的收成。令人担忧的是，蜜蜂的数量正在减少，而且面临着许多挑战。一种叫作瓦螨（Varroa bee mite，学名 *Varroa jacobsoni*）的破坏性寄生害虫已经在世界各地的蜂群中传播开来，目前只有澳大利亚没有这种害虫。它对蜜蜂的影响是毁灭性的，人们认为它可能是导致蜂群崩溃综合症（Colony collapse disorder）的一个因素。对蜜蜂数量下降的积极关注促使欧洲和美国的业余养蜂业兴起（见第53页"城市养蜂"）。很明显，蜜蜂对我们仍然很重要。

蜂　蜜

蜂蜜是如何制成的

蜂蜜是蜜蜂用花蜜为自己制造的食物。这个简单的描述掩盖了蜜蜂为创造这种甜味物质所投入的时间和精力，它们储存这种甜味物质是为了供未来食用。

蜜蜂是群居昆虫，居住在蜂巢里。蜂群具有复杂的社会结构，蜜蜂会为了整个蜂群的利益而共同工作，每只蜜蜂都有自己明确的角色。在金字塔的顶端——蜂群的中心——是蜂王，我们可以通过她肥大的腹部辨认出蜂王。在与雄蜂（雄蜂在蜂房内的唯一目的是与蜂王交配）交配后，她产下受精卵，这些受精卵孵化成工蜂。这些工蜂在蜂巢内执行一系列任务，比如清洁和维护蜂巢，以及喂养幼虫和幼蜂。蜂群的生命周期具有季节性，蜜蜂的数量在春天扩大，那时蜂王一天最多能产2000个受精卵。夏天是蜜蜂繁忙地制造和储存蜂蜜的季节。冬天的时候，蜂群的规模会大幅缩小，剩下的蜜蜂会靠储存的蜂蜜来度过寒冷的几个月。

蜂蜜是用采蜜的蜜蜂从花朵上采集的甜而湿润的花蜜制成的。蜜蜂把采到的花蜜储存在一个特殊的蜜胃里，带回蜂巢。在蜂巢里，制造蜂蜜的蜜蜂从采蜜者那里得到花蜜，开始将这种稀薄的液体转化为蜂蜜，蜜蜂通过咀嚼向其添加酶，并将结构复杂的植物糖分解成结构更简单、更易消化的糖。变稠的花蜜糖浆——会被转化成我们口中的蜂蜜——被储存在六角形的蜂窝里，众多的蜂窝形成了蜂巢。蜜蜂用它们的翅膀对新鲜的蜂蜜扇风，以蒸发蜂蜜中多余的水分，并向其添加额外的酶。一旦水分含量降低到18.6%或更低，蜜蜂就会在蜂窝上覆盖一层薄薄的蜡，以安全地保存蜂蜜。一只工蜂一生只能产十二分之一到十分之一茶匙的蜂蜜。据估计，为了生产450克蜂蜜，蜜蜂需要采集大约200万朵花的花蜜。

蜜蜂养殖是人类对蜂群的一种饲养方式，通常是让蜜蜂生活在人造的蜂房里，以获取蜂蜜和蜂蜡。自然界的蜜蜂会在树洞或岩石洞等地方建造蜂巢，它们会建造一个复杂的蜂窝结构。然而，养蜂人制作了人工蜂房供蜜蜂居住——这种做法可以追溯到古埃及。在欧洲，把蜜蜂养在草编蜂巢（篮子）里的传统由来已久。为了获得蜂蜜，蜜蜂被杀死或赶走，草编蜂巢被毁掉。不过，几个世纪以来，养蜂人创新地改变了蜂

香甜热酒

4人份

准备5分钟

125毫升威士忌

4汤匙蜂蜜

1个柠檬，榨汁

400毫升水

4根肉桂棒（可选）

　　这款由威士忌、蜂蜜和柠檬汁混合而成的经典饮品常被用来治疗咳嗽和感冒。有一件事是肯定的——这是一款喝起来很温暖舒服的饮料，非常适合在寒冷的冬天饮用。

1　把威士忌、蜂蜜和柠檬汁倒入一个耐热的壶里，混合。

2　把水倒入一个小锅里煮到微微沸腾。将热水倒入威士忌混合液体中，搅拌均匀。

3　将热的威士忌混合液体倒入四个耐热的杯子中，用肉桂棒装饰，如果用了肉桂棒的话，可以用它们来搅拌饮品。

蜂　蜜

房形状和结构，使得人类能在不伤害蜂群的情况下收获蜂蜜。1682年，英国牧师兼旅行作家乔治·惠勒（George Wheler）形容并描绘了一个他在希腊看到的蜂巢。这个"希腊蜂巢"是一个倒置的蜂巢，顶部有一些木棒，被认为是现代顶杆蜂巢（Top-bar hive）的早期版本。顶杆蜂巢是一种单层蜂巢，蜂巢悬挂在可移动的木棒上。1789年，瑞士博物学家弗朗索瓦·胡贝尔（Francois Huber）发明了"书页式蜂箱"（Leaf hive），这是一种可以充分活动的框架蜂箱，其内部框架可以像书页一样打开。

1851年，蜂箱设计取得了一个重大的突破，之后还被广泛采用。美国牧师兼养蜂人洛伦佐·朗斯特罗思（Lorenzo Langstroth）在1852年申请了专利，他发明了一种拥有完全可拆卸框架和创新顶部开口的蜂箱。重要的是，朗斯特罗思发明的蜂箱框架边缘和主体结构之间有1厘米的空间。保留这种精确间隔的原因是，蜜蜂建造蜂巢时会填满大于1厘米的空间，并用蜂胶（一种树脂物质，称为蜂胶）来填满小于6毫米的空间。朗斯特罗思巧妙地利用了这个被称为蜂路（Bee space）的空隙，使得蜜蜂可以在各个框架中建造它们的蜂巢，而不会用蜂胶将各个框架的边缘粘在一起。在他对养蜂业影响深远的著作《蜂巢与蜜蜂》（*The Hive and the Honey bee*）中，朗斯特罗思写到，他希望设计一种蜂巢，能够让人类在不杀死蜜蜂的情况下收获蜂蜜，"胡贝尔蜂巢让我确信，只要采取适当的预防措施，人类就可以在不激怒蜜蜂的情况下移动蜂巢，这些昆虫将能够被驯服到令人吃惊的程度"。

有了朗斯特罗思发明的蜂箱，养蜂人就可以很容易地打开蜂箱，而不会过度打扰蜜蜂，这也使得养蜂人可以用之前用草编蜂巢时无法做到的方式来照顾蜜蜂。"如果我怀疑蜂巢出了什么问题，我可以很快看到它的真实情况，并采取适当的补救措施。"他说道。

朗斯特罗思发明了一种饲养蜜蜂的实用方法，可以在不伤害蜜蜂的情况下收获蜂蜜，而且还能让养蜂人更主动地照顾这些昆虫，因为养蜂人可以监控蜜蜂的情况。这是养蜂史上的一个重大进步。它的影响如此

1851年，蜂箱设计取得了一个重大的突破，之后还被广泛采用。美国牧师兼养蜂人洛伦佐·朗斯特罗思发明了一种拥有完全可拆卸框架和创新顶部开口的蜂箱。

之大，以至于根据朗斯特罗思的点子制造的蜂箱结构到如今依然是使用最广泛的那一种。

养蜂的过程包括定期检查蜂箱，检查蜜蜂的健康状况、蜂王的产卵模式和已酿出的蜂蜜数量。理想情况下，养蜂人要做的是保持蜂群的健康，这样才能产出足够的蜂蜜。会产生影响的有几个因素，其中包括天气。还有一些害虫和疾病可能会影响到幼蜂（发育中的蜜蜂）和成年蜜蜂。在很少或没有"流蜜期"（指至少有一个主要蜜源花朵盛开，且天气状况允许蜜蜂采蜜），或者蜂群储存的蜂蜜量很少的时候，养蜂人可能会用蜂蜜糖浆喂养蜜蜂，防止它们挨饿。例如，在收获蜂蜜后的一段时间里，养蜂人通常也会给蜜蜂喂食。

自然因素也会对蜜蜂产生影响。例如，长期的潮湿天气会导致蜜蜂几乎不觅食，这时候就需要为它们供应糖浆。蜂房需要保持清洁，因为不良的卫生环境会滋生害虫和疾病。

专业养蜂人的部分工作是确保蜂箱被放置在能产出许多蜂蜜的地方。为了创造出单花种蜂蜜（见58页），养蜂人会把蜂箱放置在一个充满特定蜜源的区域中心，如栗树林、松树林或橘子树林的中心位置。觅食的蜜蜂为了寻找花蜜至多可以飞行8千米，平均每次飞行大约1.5千米，否则它们会消耗太多的能量。由蜜蜂制造的单花种蜂蜜必须由养蜂人在下一个花蜜源开花之前收获，这样才能得到具有某种花或植物特征的蜂蜜。

从蜂房中提取蜂蜜的做法由来已久。养蜂人通常会在流蜜期结束时收获蜂蜜，那时蜂巢里将装满用蜡封住的蜂蜜。一个蜂巢需要9—14千克蜂蜜来度过冬天，但是一个蜂巢的蜜蜂能够生产和储存更多的蜂蜜，丰收的季节可以达到27千克。养蜂人收集的就是这多余的蜂蜜。传统上，养蜂人会用一个叫作"喷烟器"的装置制造烟，烟可以使蜜蜂平静下来。烟的气味会让蜜蜂进入生存模式，使它们不那么具有攻击性，也不太可能蜇人。烟还能掩盖警卫蜂释放的报警信息素①。养蜂人会从蜂房中取出含有蜂蜜的框架。为了提取蜂蜜，必须先去除蜂蜡盖。可以用简

① 信息素：也称作外激素，指的是由一个个体分泌到体外，被同物种的其他个体通过嗅觉器官（如副嗅球、犁鼻器）察觉，使后者表现出某种行为、情绪、心理或生理机制改变的物质。

果仁蜜饼

8—10人份
准备20分钟
制作1小时15分钟

蜂蜜糖浆
300克砂糖
300毫升水
1根肉桂棒
1汤匙柠檬汁
3汤匙蜂蜜
1茶匙橙花水或玫瑰花水
（可选）

10汤匙咸黄油
375克核桃或杏仁，大致切碎
3汤匙糖
0.5茶匙肉桂粉
14片千层酥皮

这道经典的希腊菜因为加入了香甜的蜂蜜糖浆，口感甜蜜、湿润。可以作为一道甜点或配着浓咖啡或普通咖啡食用。

1　预热烤箱至175℃。在28厘米×18厘米的蛋糕模具内壁涂上黄油。

2　制作蜂蜜糖浆。将糖、水、肉桂棒和柠檬汁倒入小锅中。慢慢加热，搅拌直到糖溶解。煮沸5分钟，再加入蜂蜜煮5分钟。关火，把锅取下，加入橙花水或玫瑰花水（如果要加的话）。然后扔掉肉桂棒，放在一边冷却。

3　慢慢融化黄油。把坚果、糖和肉桂粉混合在一起。

4　取一张千层酥皮，在剩下的酥皮上盖一块干净的茶巾，以免酥皮风干。在酥皮上刷一层融化的黄油，把它放进蛋糕模具里，把边缘折进模具里。对一半的千层酥皮重复上述过程。

5　将坚果混合物均匀地铺在抹了黄油的酥皮上。然后在坚果混合物上铺一层酥皮，再涂上黄油。直到铺上最后一层酥皮，然后刷上剩余的黄油。冷却15分钟，使果仁蜜饼凝固，更容易切开。

6　用一把锋利的小刀把果仁蜜饼切成大小一般的三角形，但不要切到底部。把果仁蜜饼烤30分钟。把烤箱火力调至150℃，再烤20—30分钟，直到饼变成金黄色，从烤箱中取出饼。把糖浆均匀地倒在温热的果仁蜜饼上，让糖浆渗入到糕点中。把果仁蜜饼放在一边，直到糖浆被吸收。把三角形的果仁蜜饼切好，上桌。

单的小刀，也可以用各种自动机械设备来做这件事。然后把去除了蜂蜡盖的框架放入离心机中旋转，挤出蜂蜜，同时框架内的蜂房结构依然能保持完整。这个阶段要在取出框架后尽快进行，因为这样蜂蜜才能是足够温暖的，也容易流出。然后，养蜂人会把空的框架放入蜂巢内，这样蜜蜂就可以开始再次填满它们。

提取的蜂蜜首先被过滤，以去除不需要的杂质，如灰尘、死蜜蜂或蜂蜡。在这个阶段，蜂蜜已经可以食用，可以倒入容器中，通常是玻璃瓶，方便出售。许多大型生产商会用巴氏杀菌法处理蜂蜜，然后将蜂蜜加热至62℃—66℃。在乳制品行业，牛奶经过巴氏消毒，可以去除潜在的有害细菌。然而，由于蜂蜜具有高酸性和天生的抗菌特性，所以其实不需要用巴氏杀菌法消毒。相反，巴氏杀菌法会抑制自然的颗粒化过程，随着时间的推移，透明的液体蜂蜜会变稠，变得不透明。巴氏灭菌法会影响蜂蜜的味道，降低其口感的复杂性。"原蜜"是指未经热处理的蜂蜜，通常由小规模生产者生产，他们想要展示蜂蜜的自然状态。除了蜂蜜，养蜂人还会出售蜂窝（由蜜蜂建造的六边形蜂蜡结构）的碎片，蜂窝里面有蜂蜜。吃蜂窝碎片是一种非常传统的享受蜂蜜美味的方式。蜂蜡是可以食用的，它会增加蜂蜜的口感和醇厚感。蜂窝碎片通常可以直接吃，也可以将其涂在吐司或面包上食用。

如果储存得当——密封或在干燥的室温环境中保存——蜂蜜具有非凡的保存性，可以储存多年。保持蜂蜜的干燥度是很重要的，即使蜂蜜里只滴入了几滴水，也会使它变质。

神话、宗教和民间传说

几个世纪以来，蜜蜂和蜂蜜一直与神圣的事物和魔法联系在一起。非洲、澳大利亚以及其他地方都拥有关于蜜蜂和蜂蜜的民间传说。古埃及的纸莎草卷是这样描述世界的创造者太阳神的："太阳神哭了，他的眼泪落在了地上，变成了蜜蜂。蜜蜂开始筑巢，忙着采各种各样的花，所以蜂蜡和蜂蜜都来自太阳神的眼泪。"

在印度教神圣的经文《梨俱吠陀》中，克利须那（Krishna）、毗湿奴（Vishnu）和因陀罗（Indra）三位神是马德哈瓦（Madhava），意思是"蜂蜜诞生者"。人们认为蜂蜜是上天送来的，而蜜蜂则是众神的使者，

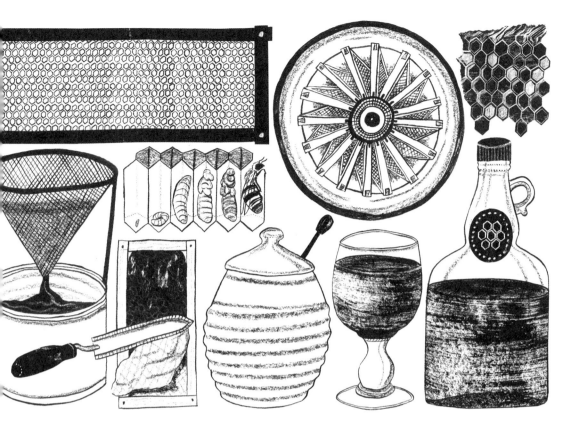

其他宗教中也有这种说法。信印度教的人，在新生儿出生时要举行一个名为"出胎礼"（Jatakarma）的私人家庭仪式，仪式包括将蜂蜜送到婴儿的嘴里。印度教的众神包括布兰玛丽（Bhramari），意为"蜜蜂女神"（来自印度语Bramari，意思是"蜜蜂"），人们把蜜蜂女神描绘成一个依靠蜜蜂、大黄蜂和粘在她身上的胡蜂与魔鬼战斗的四臂女人。

希腊神话中，当宙斯还是婴儿的时候，女神梅利莎（Melissa，她的名字来自希腊单词"meli"，意思是"蜂蜜"）喂他吃蜂蜜。同样在希腊神话中，人们可以发现，光明之神阿波罗和仙女姬怜（Kyrene）的儿子，小神阿里斯塔奥斯（Aristaios）教会了人类养蜂。老普林尼在《自然史》中描述了蜂箱内的工作，他写道：蜂蜜"来自空气，主要形成于黎明前，也就是星星升起的时候"。他认为蜂蜜是预兆的使者："当柏拉图还是个孩子的时候，蜜蜂就住在他的口中，预示着他将具有令人愉悦的、充满魅力的口才。"

蜜蜂和蜂蜜在北欧神话中也占有特殊的地位。在北欧神话中，大白

蜜汁鸡

4人份
准备10分钟
烹饪30—40分钟

4个鸡腿
115克蜂蜜
2汤匙橄榄油
半个柠檬，榨汁
1瓣蒜，碾碎
盐和现磨的黑胡椒

一层简单的蜜汁能使鸡腿变得美味可口。与土豆泥、胡萝卜和花椰菜一起享用，会是美味的一餐。

1　预热烤箱至200℃。

2　用盐和黑胡椒粉给鸡腿调味。把蜂蜜、橄榄油、柠檬汁和大蒜混合在一起。

3　在鸡腿上刷一层蜂蜜混合物。放在烤盘里烤30—40分钟，直到熟透。

4　在烤制期间，再刷两层蜂蜜混合物。从烤箱取出后趁热上桌。

七种食材的奇妙旅行

蜡树——世界之树（Yggdrasil）位于宇宙的中心，它的枝干覆盖着大地，它的根进入了死后的世界。圣泉乌塔（Uthar）的水每天都洒在树上；从世界之树上掉落的露水被称为"蜜瀑"，蜜蜂以它为食。北欧神话中有一个众神用自己的唾沫创造了智者克瓦希尔（Kvasir）的故事，其中还出现了蜂蜜酒，这是一种由发酵的蜂蜜制成的古代饮料（见第63页）。克瓦希尔被两个矮人——法亚拉（Fjalar）和戈拉（Galar）谋杀了，他们用克瓦希尔的血和蜂蜜酿造出了一种特别的蜂蜜酒。它被称为"诗歌的蜂蜜酒"，它会赋予喝它的人智慧和创作诗歌的天赋。北欧众神之王奥丁（Odin）出发去寻找和偷回珍贵的蜂蜜酒，通过变身和施展计谋，他成功了，把蜂蜜酒藏在他的身体里，以鹰的形态回到了神的堡垒阿斯加德（Asgard）。

在欧洲和美国有一种经久不衰的民间习俗，叫作"告诉蜜蜂"。指的是向蜂群通报家庭内部的重大事件，比如出生、结婚和死亡，通报死亡尤其重要。做法是正式地对蜜蜂说话，首先轻拍蜂房来吸引它们的注意力，或者适当地装扮蜂房。按照迷信的说法，如果不把这些事情告知蜜蜂，它们就会死去，离开蜂巢或停止产蜜。

城市养蜂

传统的养蜂画面是田园式的——我脑海中浮现出的经典画面是宁静的苹果园里有一排蜂箱。近几十年来，城市养蜂业兴起，人们把蜜蜂养在城市和城镇里。乍一想，城市和蜜蜂似乎不太可能联系在一起，但事实上，城市环境中的某些条件非常适合蜜蜂生存。其中一个条件是农药很少，农村地区的农民广泛使用农药来保护他们的作物。城市养蜂人面临的一个问题似乎是蜜蜂可以采集花蜜的绿色空间太少。不过，许多城市拥有数量惊人的公园和私人花园，这些都是绿色空间。此外，城市里的树木和花卉明显是多样化的，而不像田地里种植的是单一的作物，如小麦或玉米。在城市里，蜜蜂可以接触到各种各样的植物，从而更有可能找到可采的花蜜。如今，世界上的许多城市都有养蜂人，其中包括柏林、芝加哥、伦敦、墨尔本、纽约、巴黎、旧金山和多伦多等大城市。据估计，2014年伦敦有5000多个由养蜂人管理的蜂箱，这个数字可能更大，因为不是所有的养蜂人都登记了他们的蜂箱。

我们不知道哪个城市开启了城市养蜂的潮流。人们认为城市养蜂运动是对蜜蜂面临的威胁做出的回应。近几十年来，全球出现了前所未有的蜂群数量减少或蜂群崩溃综合症（见第43页）的新闻报道，人们意识到需要采取行动来帮助蜜蜂，这些都推动了养蜂业的发展。随着全球蜜蜂数量的减少，城市养蜂也越来越受欢迎。英国和美国的养蜂协会的会员人数不断增加，养蜂新手们非常希望了解这一领域的专业知识。这种做法还与"土食运动"（Locavore movement）有关。"土食运动"倡导食用当地生产的食物，启发人们重新思考城市景观的潜力。在城市生产蜂蜜的想法引起了生产者、零售商和消费者的共鸣。在标志性建筑上安装蜂箱的做法已经开始盛行——英国伦敦的泰特美术馆、德国柏林的联邦议院和美国纽约的惠特尼艺术博物馆都有蜂箱的身影。

城市养蜂运动确实面临着一些问题。许多城市已经立法禁止在人口稠密地区饲养蜜蜂，但近年来，美国洛杉矶、纽约和华盛顿特区等城市的法律也发生了变化，先前对城市养蜂的禁令已经取消。有一种观点认为蜜蜂是危险的昆虫，因为它们叮起人来很痛。专注于采集花蜜的蜜蜂，常常被误认为是更具攻击性的大黄蜂和胡蜂。当然，对于那些对蜜蜂叮咬过敏的人来说，会有这种担心是因为存在真实的风险。养蜂人对此做出了回应，他们指出，科学养蜂是一项负责任的活动。例如，城市养蜂人试图将分蜂（在蜂王的带领下，一大群蜜蜂试图重新建立一个蜂群的过程，这可能会引起公众的恐慌）的规模最小化。人们越来越多地讨论在城市里能养多少只蜜蜂，因为人们担心太多的蜂群会给花蜜源带来过大的压力。许多城市里的养蜂协会发起了增加公园和花园中富含花蜜的城市植物，以及修建更多绿色屋顶的运动，以便为他们的蜜蜂提供食物。

蜂蜜与健康

蜂蜜长期以来不仅被当作是一种甜美可口的食物原料，而且还被认为具有治疗作用。几个世纪以来，蜂蜜在许多国家的传统医药中得到了广泛的应用，无论是单独使用还是作为一种有用的甜味剂使苦药变得可以接受。根据印度的《阿育吠陀》（*Ayurveda*，意为"生命的知识"），蜂蜜是一种重要的药物。它可以内服，也可以外用，可以治疗包括咳嗽、哮喘、呕吐、失眠、腹泻、寄生虫和眼病在内的各种病症，也可以用于

蜂蜜水果奶昔

4人份
准备5分钟

往新鲜水果奶昔中加入蜂蜜是一种简单的让它变得更醇香甘甜的方法。做这样一份早餐，开启充满活力、健康的一天。

2根成熟的香蕉
400克草莓
2个橙子，榨汁
1汤匙小麦胚芽
2汤匙蜂蜜
225毫升天然酸奶

1   将所有原料放入搅拌机，搅拌至顺滑。

2   准备上桌。

蜂 蜜

治疗伤口。古代印度有一位医生妙闻（Sushruta），他的医学论文是《阿育吠陀》的基础，他建议把蜂蜜包覆在穿了孔的耳朵上。蜂蜜也被用于预防白内障和治疗眼疾。在中国传统医学中，蜂蜜属中性，有多种用途，如健脾胃、恢复元气（生命能量），治疗咳嗽和烧伤。

　　人们会发现，在整个古代世界，蜂蜜一直被当作药物来使用。公元前2100年左右的一块苏美尔石碑记录了蜂蜜作为药膏敷在伤口上的重要作用，这是关于蜂蜜最早的书面记录。古埃及人用蜂蜜来治疗伤口，公元前1550年的医书《埃伯斯纸草文稿》（*Ebers Papyrus*）描述了一种含有蜂蜜的混合物，与纱布和油脂一起可用作伤口的敷料。公元前4世纪的希腊医生希波克拉底有时被称为"医学之父"，他用蜂蜜来治疗伤口和烧伤，还用蜂蜜和醋的混合物来缓解疼痛。蜂蜜在《希波克拉底文集》中多次出现，他观察到"葡萄酒和蜂蜜非常适合人类；无论一个人是健康还是患有疾病，都可以根据个人体质适量服用"。老普林尼推荐将蜂蜜与蜜蜂粉末混合，用于改善听力。他写道：人们钦佩蜜蜂是因为它们"采集蜂蜜这种最甜、最好、最有益健康的液体"。公元2世纪的希腊医生盖伦（Galen）将蜂蜜与海龟胆汁混合制成了眼药水，还将蜂蜜与烧焦蜜蜂头的灰烬混合，用来治疗眼睛。10世纪的中亚医学家阿维森纳（Avicenna）称蜂蜜为"食物中的食物，饮品中的饮品，药物中的药物"。他将草药进行研磨、过筛，并与蜂蜜混合，形成配方。

　　如今，许多人依然珍视蜂蜜，认为它是一种有治疗作用的食物，是有益健康的。蜂蜜具有怡人的甜味和顺滑的口感，在家庭中经常被用于治疗咳嗽，可以直接服用，或者与温水或花草茶混合服用。原蜜、蜂胶（蜜蜂用来密封蜂房的树脂混合物）和蜂王浆（哺育蜂用来喂养幼虫和蜂王的食物）等蜂产品在健康食品店有售。尽管传统医学中会使用蜂蜜，但对蜂蜜的治疗潜力缺乏科学研究。1892年，荷兰科学家范克特尔（Van Ketel）曾报告说蜂蜜有抗菌特性，但直到最近几十年才对此进行了更多的研究。最近的研究发现表明，原蜜可以杀死250多种临床菌株，其中包括超级病菌耐甲氧西林金黄色葡萄球菌（MRSA）。

　　在许多文化中，蜂蜜都可以被用来包扎伤口。事实上，在第一次世界大战期间，俄罗斯人曾使用蜂蜜来预防感染和加速伤口愈合。科学界对蜂蜜在医药方面的潜力产生了新的兴趣。蜂蜜通过渗透作用有助于防止伤口感染，渗透作用将水分从伤口吸入蜂蜜；这阻碍了细菌的生长，因为细菌需要水分才能大量繁殖。蜂蜜的高酸性和过氧化氢水平（不同的蜂蜜，酸度和过氧化氢水平不同）是其拥有防止细菌生长能力的重要原因。

近年来，一种单花种蜂蜜尤其吸引了公众对其健康特性的想象。那就是麦卢卡蜂蜜，由麦卢卡树（Leptospermum scoparium，又称为茶树）的花蜜制成。麦卢卡树生长在新西兰和澳大利亚东南部。麦卢卡蜂蜜拥有浓烈的香气和独特的苦味。

近年来，一种单花种蜂蜜尤其吸引了公众对其健康特性的想象。那就是麦卢卡蜂蜜，由麦卢卡树（又称为茶树）的花蜜制成。

麦卢卡蜂蜜在研究人员中如此受欢迎的主要原因是，他们发现麦卢卡蜂蜜中含有大量的名为丙酮醛的抗菌化合物。其他蜂蜜中也含有丙酮醛，但含量要低得多。麦卢卡蜂蜜中的丙酮醛是由麦卢卡花蜜中的化合物二羟基丙酮转化而来的。麦卢卡蜂蜜中的丙酮醛浓度越高，抗菌作用越强。

购买麦卢卡蜂蜜的顾客会看到一系列信息，包括丙酮醛含量、非过氧化活性（npa）、活性（a）和总活性（ta），这些指标指的都是蜂蜜的抗菌强度。麦卢卡蜂蜜的标签上有如 5^+ 或 10^+ 的抗菌等级，抗菌等级越高，蜂蜜的制作成本越高。麦卢卡蜂蜜价格不菲，世界各地对它的需求很大，但遗憾的是，现在出现了掺假或假冒麦卢卡蜂蜜的问题。

单花种蜂蜜

蜂蜜的魅力之一是它能够体现法国人口中的风土（Terroir），这是葡萄酒界经常用到的一个术语。从字面上翻译，它的意思是"土地或土壤"，但在更广泛的意义上它指环境、天气、土壤和地形。蜜蜂酿出的蜂蜜会反映作为其花蜜来源的花和树的特点，花蜜来源不同的蜂蜜在颜色、味道和质地上有很大差异。即使蜂蜜是由多种花蜜混合制成的，这一点也很明显。例如，一罐意大利野花蜂蜜和一罐美国野花蜂蜜的味道就不同。你会发现"区域性"的蜂蜜产自各种各样的地方，比如英格兰

蜜汁红葱头

4人份

准备10分钟

烹饪20分钟

8个红葱头，去皮

1汤匙橄榄油

1汤匙稀蜂蜜

盐和现磨黑胡椒

2枝百里香

蜂蜜烤红葱头是一道简单而时尚的蔬菜配菜。可以与烤牛肉、烤羊肉或浓郁的红酒炖牛肉一起享用。

1　预热烤箱至175℃。

2　往锅里倒入水，加盐，烧开。加入去皮的红葱头，煮5分钟至半熟。沥干水分。

3　将红葱头放入烤盘。在表面刷一层橄榄油，再刷一层蜂蜜。用盐和黑胡椒调味，加入百里香。

4　在烤箱里烤15分钟。趁热上桌。

蜂蜜

萨塞克斯唐斯[①]（Sussex Downs）的花丛、赞比亚的热带雨林和意大利的阿尔卑斯山。

然而，当蜂蜜主要来自一种植物的花蜜时，这种差异会变得更加明显，这种蜂蜜被称为单花种蜂蜜。这种蜂蜜的口感与最常见的口味温和的混合蜂蜜截然不同。品尝一系列单花种蜂蜜是了解蜂蜜多样性的最好方法。

苜蓿（学名*Medicago sativa*）：蜜源来自这种植物（世界各地都有生长，被用作牛的饲料）的蜂蜜颜色较浅，味道温和细腻。

蓝桉树（学名*Eucalyptus globulus*）：蜜源来自蓝桉树的蜂蜜在澳大利亚很受欢迎。它的味道浓郁，有微微清凉、像药一样的余味。

琉璃苣或蓝蓟（学名*Echium vulgare*）：蜜源来自琉璃苣或蓝蓟的蜂蜜轻盈、细腻，带有明显甜味，许多国家都有生产。

荞麦（学名*Fagopurym esculentum*）：来自这种植物的花蜜制成的蜂蜜颜色较深，有一种复杂的麦芽味和泥土味。

油菜或油菜籽（学名*Brassica napus*）：因其种子富含油分而被广泛种植，这种芸薹属植物的花蜜制成的蜂蜜呈白色，质地呈奶油状，味道温和。

栗子（学名*Castanea sativa*）：这种深色的蜂蜜是由甜栗子树的花蜜制成的，有一种非常独特的香味，还带有一丝苦味。

三叶草（三叶草属成员）：一些三叶草品种是作为饲料进行种植的。三叶草花蜜制成的蜂蜜颜色苍白，拥有奶油般的质地和温和的甜味。

帚石楠（学名*Calluna vulgaris*）：苏格兰以其帚石楠蜂蜜而闻名。帚石楠蜂蜜呈焦糖色，有芬芳的花香和浓郁的口感。

蜜露：通常被称为森林蜂蜜，它不是由花蜜制成的，而是由一种叫作蜜露的甜味物质制成的，这种甜味物质是小昆虫吞下松树等树的汁液后产

---

① 唐斯：英国英格兰南部和西南部的有草丘陵地。

烤山羊奶酪加蜂蜜

4 人份

准备 5 分钟

烹饪 3—5 分钟

这道菜做起来又快又容易，香甜可口的蜂蜜和咸的山羊奶酪形成对比，共同组成了一道非常令人满意的菜肴。可以作为精巧的头盘菜被端上餐桌。

100 克芝麻菜

8 片紧实的山羊奶酪，每片厚度为 5—10 毫米

4 汤匙纯净的蜂蜜，如栗子蜜

4 汤匙松子，稍微烤一下

1　把芝麻菜分成四份，放入盘子。

2　烤山羊奶酪 3—5 分钟，直到它变成浅棕色。

3　在芝麻菜上面放上刚烤好的山羊奶酪。

4　给每一份淋上蜂蜜，撒上松仁即可上桌。

七种食材的奇妙旅行

生的分泌物。

薰衣草（学名 *Lavandula*）：产自这种芳香的开花植物的蜂蜜是细腻的，带有明显的芳香，就像植物本身一样。

革木（学名 *Eucryphia lucida*）：产自澳大利亚塔斯马尼亚岛（Tasmania）的这种树的蜂蜜有明显的香气和独特、复杂的味道，回味悠长。

椴树、菩提树或欧椴树（椴树属的树）：产自这些植物的蜂蜜颜色较浅，但有明显的香味，带有柑橘的味道，以及薄荷和椴树的气味。

橙子（学名 *Citrus x sinensis*）：由橙子树上的花蜜制成，这种蜂蜜温和、香甜。

迷迭香（学名 *Rosmarinus officinalis*）：一种金黄色的蜂蜜，带有一股草本的芳香和微妙的味道。

向日葵（菊科）：颜色从淡黄色到深黄色不等，这些花的花蜜制成的蜂蜜结晶迅速，有浓郁的甜味。

百里香（学名 *Thymus vulgaris*）：在古代，希腊阿提卡（Attica）的伊米托斯山（Mount Hymettus）出产的百里香蜂蜜闻名遐迩。这种草本植物的蜂蜜有一种强烈的芳香味道。

蓝果树（学名 *Nyssa ogeche*）：一种罕见的蜂蜜，由生长在乔治亚州和佛罗里达州湿地上的白色欧吉齐蓝果树（Ogeechee tupelo trees）的花蜜制成。颜色浅，有独特的花香，因此受到重视。

蜂蜜酒

蜂蜜在历史上如此受重视的原因之一是这种甜味物质可以发酵，用来酿造一种酒精饮料，这种饮料被称为蜂蜜酒。蜂蜜酒是一种历史悠久的饮料，被认为是人类酿造的最古老的酒精饮料，其起源时间可以追溯到几千年前，起源地可能是非洲大陆。

蜂蜜酒是用（未经高温消毒的）原蜜加水发酵而成的。蜂蜜含有丰富的天然酵母，水分可以触发其活性，因此发酵很容易发生，特别是在热带国家，那里自然炎热的气候会加快发酵过程。

世界各地都有酿造蜂蜜发酵饮料的传统。《梨俱吠陀》中提到了一种被认为是蜂蜜酒的蜂蜜饮料，人们认为这份神圣的古老印度文献可以追溯到公元前1500年至公元前1200年。在中美洲，玛雅人会喝一种叫作巴尔切（Balche）的蜂蜜酒，并用树皮调味。在埃塞俄比亚（Ethiopia），有一种历史悠久的蜂蜜酒叫作泰吉，传统上是用一种叫亮叶沙棘（Shiny-leaf buckthorn或gesho，学名*Rhamnus prinoides*）的植物的细枝和叶子酿制而成，今天仍然在生产。有趣的是，古希腊历史学家斯特拉波（Strabo）在公元前64年这样写到埃塞俄比亚的穴居人："大多数人喝的是荞麦汁，但统治者喝的是蜂蜜和水的混合物，是从某种花里挤出来的。"蜂蜜酒在古埃及、古希腊和古罗马都很有名。公元1世纪的罗马农学家科卢梅拉（Columella）在他的《农医宝鉴》（*De re rustica*）一书中给出了一种由蜂蜜和葡萄汁制作的发酵饮料的配方。蜂蜜酒在挪威文化中具有重要地位，中世纪的挪威传说中经常提到喝蜂蜜酒。在俄罗斯和中欧，几个世纪以来蜂蜜酒一直是一种重要的酒精饮料。然而，今天，在世界上许多曾经喜欢蜂蜜酒的地方，如葡萄酒、啤酒和用谷物酿造的烈性酒等其他酒精饮料已经取代了蜂蜜酒。

烹饪蜂蜜

从本质上讲，蜂蜜从来就不是世界各地的主食。相反，它一直被认为是一种奢侈的食品或一种款待人的美食。蜂蜜是一种可以在自然状态下食用的食物，在食用前不需要烹饪。它是一种美味的浇头，人们常在早餐时享用它，把它和浓郁的天然酸奶搅拌在一起或淋在几片美味的薄煎饼上。一直流行到今天的吃蜂蜜的方法包括，在最受人们喜爱的烤吐司上涂上蜂蜜，或者在面包上涂上黄油和蜂蜜。

然而，由于人类的发明创造，长期以来，蜂蜜在厨房里被用于制作各种各样的菜肴，包括开胃菜和甜点。蜂蜜是古罗马美食中很受欢迎的一种调味料。在一本被认为是罗马美食家阿比修斯（Apicius）于公元1世纪编纂的食谱集中，有几道食谱以蜂蜜为特色：将蜂蜜和扁豆搅拌在一起，添加到酱汁中，和松子酱拌溏心蛋、炸小牛肉片这样的菜一起享用。有趣的是，这些食谱还把蜂蜜作为保存食物的一种方式。有一份食谱称"可以在不加盐的情况下长时间保持肉类的新鲜"，它建议在新鲜肉类上覆盖一层蜂蜜，然后

蜂蜜冰激凌

制作大约1升

准备10分钟，加上冷却和搅拌

制作10分钟

　　为了达到最好的口感，可以选择口感浓郁的蜂蜜，比如用帚石楠蜂蜜来制作这道美味的冰激凌。将冰激凌和脆饼干，如蜂蜜曲奇（见第68页）一起摆上桌。

3个蛋黄

300毫升全脂牛奶

1汤匙香草膏

3汤匙蜂蜜

300毫升高脂厚奶油

1茶匙香草精

1　将蛋黄放入一个搅拌碗中，快速搅打至呈白色奶油状。

2　将牛奶、香草膏和蜂蜜一起放入炖锅中加热，搅拌均匀，到快煮沸的时候关火。

3　将热牛奶分几次倒入打好的蛋黄中，边加边不停地搅拌，直到完全混合均匀。

4　将蛋黄混合物倒入一个干净的厚底锅中，小火煮10分钟左右，不停地搅拌，直到变稠，确保不要变得过热。为了检验蛋奶沙司是否做好了，拿一把勺子，浸入蛋奶混合物中。如果蛋奶沙司包裹住了勺子的背面，那么它就做好了。放在一边冷却。

5　放入奶油和香草精，搅拌，然后冷藏至少6个小时。按照制造商的说明，把混合物放入冰激凌机中搅拌，直到变稠，变成冰激凌。储存在可冷冻的容器中，放在冰箱的冷冻室，需要时取出即可食用。

把肉悬挂在容器中。蜂蜜的甜味比糖更复杂，是开胃菜会添加的传统作料，比如北非的塔吉（Tagines），只要在烹饪结束时拌入蜂蜜搅拌即可。

由于蜂蜜具有液态质地和黏稠的甜味，人们可以用它给肉或蔬菜上色。又烧是一道经典的中国菜，需要先将猪肉分片进行腌制、烤制，在烹饪的最后一步刷上蜂蜜。在烤整只火腿时，通常会给火腿刷上一层蜂蜜，使表面变得晶莹剔透，在西方的复活节、感恩节或圣诞节等节日场合，这是一道诱人的大菜。蜂蜜也是烧烤排骨时常用的一种调味料；和火腿一样，甜的酱汁和咸味的肉是一个很好的搭配。

在烘焙和甜点界，蜂蜜拥有特别的地位。在希腊，对蜂蜜的欣赏和使用可以追溯到古典时期，那时有许多以蜂蜜为中心的食谱。直到今天，蜂蜜在希腊文化中仍然具有象征价值，在婚礼和派对上是财富和生育的象征。在这种传统中，人们会在庆祝宴会上见到蜂蜜球（Loukmades），蜂蜜球是一些小而精致的炸面团，用酵母面团制成，炸好就吃，吃的时候浇上蜂蜜，撒上肉桂粉。在希腊菜肴中，蜂蜜常被用于制作糖浆，人们会把糖浆浇在烘烤过的甜点上，使其变软变甜；果仁蜜饼是这种用法的典型例子。在希腊之外，有一道没那么出名的甜点，叫圣诞蜂蜜饼干（Melomakarona），需要用橙汁、橙皮碎、白兰地和肉桂调味，然后烘烤至金黄色。冷却后，将它放入热蜂蜜糖浆中浸泡几分钟后取出，撒上碎核桃。另一种圣诞美食叫作蜜制卷饼（Diples），做法是往生面团中加入一些鸡蛋，切成条，折成小卷，然后油炸，蘸上蜂蜜糖浆食用。在犹太人的饮食中，蜂蜜也有象征意义。在犹太教的新年（Rosh Hashanah），人们通常会吃蜂蜜蛋糕，以使来年变得甜蜜。

蜂蜜作为一种特殊的庆祝配料，在许多传统的烘焙食品中多次出现。德国越来越受欢迎的蜂蜜胡椒饼（Lebkuchen）的食用传统可以追溯到中世纪制作蜂蜜蛋糕的习俗。蜂蜜胡椒饼是一种传统的圣诞美食，有各种形状、口味和质地，但蜂蜜和香料至今仍然是蜂蜜胡椒饼的主要成分。德国纽伦堡（Nuremberg）的巴伐利亚城（Bavarian city）与蜂蜜胡椒饼有特别的联系，这与它在1427年购买周边的芮斯华森林（Reichswald）有关。这片森林也被称为"帝国的蜜蜂花园"，购买这片森林确保了该市的面包师获得充足的蜂蜜供应，该市也因为这道特色

蜂蜜曲奇

做34块曲奇
准备15分钟
制作18—20分钟

加入蜂蜜，使这些脆脆的金色曲奇散发出美妙的香气并别具风味。配上一杯茶、咖啡或自制冰激凌（见第65页）享用。

4汤匙咸黄油，多加一些用于润滑
100克普通面粉
65克砂糖
4汤匙蜂蜜
一个鸡蛋，打散

1　预热烤箱至175℃。在3个烤盘上涂上黄油，铺上烤盘纸。

2　慢慢融化黄油，不要让它变成棕色。

3　把面粉、糖和蜂蜜放入一个搅拌碗里，用一把木勺把它们搅拌均匀。加入融化的黄油，搅拌均匀。加入打散的鸡蛋，使之混合成柔软的面糊。

4　用茶匙一勺一勺地把面糊舀到烤盘上，将它们互相分开。烤18—20分钟，直到变成金黄色。

5　把烤盘从烤箱里拿出来，冷却15分钟，让饼干变硬。用小铲把饼干从烤盘里取下来，放在金属网架上冷却，然后放进密封的容器里。

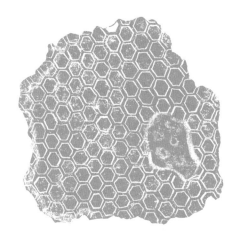

七种食材的奇妙旅行

食品而变得有名起来。

在意大利托斯卡纳的锡耶纳（Siena），圣诞蛋糕潘福提（Panforte）是当地的特色菜，据说它的起源可以追溯到13世纪。它的中世纪"祖先"由以下配料组成：坚果、香料、结晶柑橘皮和蜂蜜。潘福提是一种扁平的圆形蛋糕，质地紧密耐嚼，口味独特。

蜂蜜是牛轧糖的关键配料。牛轧糖是一种历史悠久的欧洲甜点，由蜂蜜、坚果和蛋清制成，有不同的配方。据说法国牛轧糖最早出现在16世纪的马赛（Marseilles），配料中有核桃。然而，在18世纪，小镇蒙特利马把杏仁和普罗旺斯蜂蜜结合起来，蒙特利马牛轧糖由此诞生，这个小镇也因此而出名。

在意大利，多伦（牛轧糖的意大利名字）传统上与伦巴第州（Lombardy）的克雷莫纳镇（Cremona）有关，被认为是经典的圣诞糖果。每年11月，该镇都会举办"多伦节"（Festa del Torrone）。

在西班牙，牛轧糖被称为图隆（Turrón），备受喜爱，尤其是在圣诞节期间。图隆在西班牙的起源被认为可以追溯到摩尔人占领时期。就像在法国和意大利一样，西班牙的某些城镇一直与图隆有关，尤其是西班牙南部的希霍纳（Jijona）和阿利坎特（Alicante）。每个地方的图隆都有自己的特色，希霍纳的软而有嚼劲，阿利坎特的硬而脆。尽管如今西班牙的工厂广泛生产图隆，但像西班牙北部巴斯克地区阿拉瓦（Álava）的萨尔瓦铁拉（Salvatierra）的圣克莱尔修女院这样的修道院，还是保留了这种手工制作图隆的耗时传统，并且找到了这种用蜂蜜手工制作的美食的市场。

盐

　　盐（氯化钠）是一种真正的基本要素。我们的身体含有盐，它是生命所必需的。从历史上看，它是一种非常宝贵的原料，是社会地位、财富和权力的象征。如今，虽然食盐随处可见，价格也不贵，但它仍然在我们的生活中扮演着重要的角色。

　　盐对人类如此重要，它塑造了语言、社会和景观。从生物学上讲，我们的身体天生就能辨认出盐。我们舌头上的感觉器官能识别五种基本的味道：咸味、甜味、酸味、苦味和鲜味。这些感觉器官是味觉系统的一部分，它使人类能够区分哪些食物是安全的，哪些是对人体有害的。例如，苦味和酸味的食物可能有毒或已经腐坏。甜味、鲜味和咸味（在一定程度上）会引发愉悦的感觉。因此，咸味是人类喜欢的一种味道，盐作为一种广泛使用的调味料有着特殊的地位。人们经常把盐放在餐桌上，如果用餐者想要的话，可以往他们的食物中加入更多的盐。几个世纪以来，这种重要的调味料也拥有强大的保存食物的作用，这一事实大大增加了它的历史价值。盐具有文化价值和货币价值，一些宗教仪式和迷信活动中会用到盐，撒盐常被认为是不吉利的。

　　盐的保存特性使它受到了古埃及人的特别重视，他们用盐来保存食物和制作木乃伊，防止尸体腐烂。据说，埃及人在公元前2600年左右开始制作木乃伊，这种做法一直延续到了罗马时期。木乃伊制作过程中的一个关键步骤是将尸体上的所有水分去除。这是通过在尸体上涂上一层泡碱（一种天然存在的具有强大脱水特性的盐），并在尸体内放置泡碱来实现的，即用泡碱让尸体脱水，然后用亚麻布包裹起来。泡碱被称为"神圣的盐",是从瓦迪纳特伦山谷（Wadi el Natrun valley）里干涸湖床的沉积物中提取而来。古埃及的宗教文献，即金字塔文献，描述了法老的葬礼仪式中会使用泡碱。较穷的人会用普通的盐来制作木乃伊。

自古以来，陆地和海洋里就含有盐。随着时间的推移，凭借聪明才智和辛勤劳动，人类开始生产这一基本原料。公元前250年，中国蜀郡有一个不同寻常的例子，反映了人类的这种创造力。当时的地方官李冰是一位著名的工程师。他有一项成就是在都江堰建造了一个开创性的河流灌溉系统。蜀郡很久之前就开始制盐了。公元前252年，李冰发现天然盐水从地下渗出地表，于是他下令钻探，从而修建出了世界上最早的盐井。这个创新的项目见证了中国钻井技术的发展，这种技术使人们能够钻到地下深处。人们用竹筒将盐水运送到地面，然后用管子将其输送到煮水的屋子里，再加工成盐。

盐在古罗马是非常重要的，它被广泛用于给菜肴调味和保存食物，也因其健康的特性而受到重视。"沙拉"这个词来自拉丁词汇"salata"，意思是"加了盐的"，"salata"这个词来源于罗马人用盐腌制绿色蔬菜的习俗。"salary"指的是付给雇员的工资，我们在这个词中仍然能感受到盐在经济上的价值。这个词的语言学起源可以追溯到拉丁词汇"salarium"，指的是罗马士兵购买盐的津贴，它来自拉丁词汇"sal"，意思是"盐"。获得盐对罗马人来说具有战略意义。公元前640年至公元前614年，罗马的第四任国王安古斯·马奇路斯（Ancus Marcius）统治着罗马，他征服了奥斯提亚（Ostia），并在那里修建了盐场。随着罗马帝国的扩张，罗马人获得了业已存在的盐场，其中包括凯尔特盐场、腓尼基盐场、希腊盐场、迦太基盐场和中东盐场。他们还推广了制盐的方法，在他们征服的国家修建了新的盐场。在英国，柴郡的米德尔威奇（Middlewich）被罗马人命名为萨利纳（Salinae），这里拥有一个史前盐泉，是盐的主要来源。罗马人用浅铅锅在明火上加热盐水，以析出非常珍贵的盐晶体。盐在罗马人的生活中如此重要，以至于政府操纵着盐的价格，这么做通常是为了确保普通人能够买得起盐。然而，布匿战争（Punic Wars，公元前264年—公元前146年）期间政府提高了盐税，目的是为罗马军队带来收入。在此期间，罗马执政官马库斯·利维乌斯（Marcus Livius）在罗马帝国提出

盐烤海鲈鱼

2人份
准备10分钟
烹饪30分钟

这道引人注目的法国菜拥有一种独特的戏剧元素，是用一堆闪闪发光的海盐晶体覆盖住一整条鱼，然后经烘烤而成。它的味道和质地配得上它的外表，鱼肉的汁水被锁住，肉质软嫩，味道很好，不会太咸。一定要买带鱼鳞的鱼，因为我们需要鱼鳞来防止味道过咸。

1.5千克的粗海盐晶体
675克海鲈鱼，去内脏，洗净，
不去鳞

1　预热烤箱至220℃。

2　在一个可以放下海鲈鱼的浅而耐热的盘子里倒入足够的盐，形成略浅于1厘米的均匀的盐层。

3　将海鲈鱼洗净，轻轻拍干。把海鲈鱼放在盐层上。

4　倒入更多的盐，直到海鲈鱼完全被海盐晶体覆盖。放入烤箱烤30分钟。

5　从烤箱中取出。小心地揭去盐皮。把鱼皮剥下来，将烤熟的白色鱼肉端上桌。

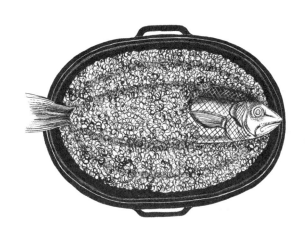

了一套盐税制度，后来他被称为萨利纳托（Salinator）。

许多世纪以来，盐一直是一种珍贵的商品，在国家内部和国家之间进行贸易。古代"盐道"（史前和历史上与盐的商业贩运有关的贸易路线）的存在证明了盐在贸易中的重要性。意大利有一条历史悠久的罗马道路，它的名字是盐路（Via Salaria），反映了它作为古代盐贸易路线的用途。萨宾人在运送来自台伯河河口沼泽地的盐时使用的是同一条道路。在尼泊尔和中国交界的喜马拉雅山脉，人们发现了一条陡峭而危险的古代盐道，人们曾用牦牛来运输珍贵的盐类货物。在德国北部，古盐道（Alte Salzstrasse）是一条连接吕纳堡（Lüneburg）镇和吕贝克（Lübeck）港的公路。古盐道运输的盐就产自吕纳堡镇的盐泉。

不仅是陆路，水路也被用来运输盐。盐的贸易在历史悠久的意大利威尼斯港的形成过程中起到了重要作用。威尼斯潟湖浅水区生产的盐被早期定居在潟湖岛屿上的居民用来交换别的商品。随着威尼斯的海运和贸易越发强大，潟湖周围的许多盐场生产的盐成为当地人的主要收入来源。但威尼斯人并不满足于生产盐，他们非常精明，集中精力控制盐的贸易和创造垄断。932年，威尼斯人毁掉了附近的科马基奥（Comacchio）盐场，确保了自己的基奥贾（Chioggia）盐场的统治地位。1281年，威尼斯政府为在威尼斯上岸的盐提供补贴，以鼓励商人将盐运往威尼斯。这种盐在威尼斯各地和意大利其他地区都卖得很贵，随着威尼斯的贸易网络扩张，这种盐也卖到了国外。14世纪时，威尼斯建造了大型加固仓库，被称为萨洛尼（Saloni），专门用来储存盐。正是这种贵重商品的贸易使威尼斯获得了统治地位，也使威尼斯人得以建造美丽壮观的建筑，而威尼斯共和国正是因这些建筑而受到人们的赞美。

现在盐不贵了，但依然有用。盐最不同寻常的一个方面是它有多种用途，包括制革、制作冰激凌和医疗用途。如今，盐继续以各种各样的方式被使用：例如在农业、道路除冰过程和水处理中。然而，盐主要被用于化工业。50%以上的化学产品在生产过程中需要盐的参与。人们在制造玻璃、纸张、橡胶和纺织品的过程中也会用到盐。2016年，全球盐产量约为2.55亿吨。今天，世界上主要的盐生产国是中国和美国。尽管盐是一种很重要的配料，但目前世界上生产的盐中只有6%用于制作食物。

盐是如何生产出来的

在海水里可以找到盐，因为海水本来就是咸的；在地下也可以找到盐，那是几百万年前通过古代海洋蒸发而形成的沉积物。长期以来，人类一直从这两个地方获取这种宝贵的商品。老普林尼在他的《自然史》中写道："盐有自然产生的，也有人工制造的。两种盐都有几种形成方式，但涉及的过程主要有两个：凝结和蒸发。"

有一种古老的制盐方法，即天然地利用太阳的能量提取盐。海水的涨潮和落潮会形成一些浅水潭，太阳自身强大的热能和风的干燥作用会蒸发掉浅水潭里的海水，留下含盐的残留物。据说，人类在海岸和湖泊边观察到这种自然现象，然后就开始复制这个过程，用这个方法来生产盐。现在，还有一些国家在利用太阳蒸发作用生产盐，包括澳大利亚、法国（见第87页）、意大利、秘鲁和葡萄牙。历史上，在阳光充足的气候条件下可以通过自然的水分蒸发作用来制造盐，但在更冷、更潮湿的气候条件下这不是一个可靠的选择。不过，无论气候如何，用火煮沸海

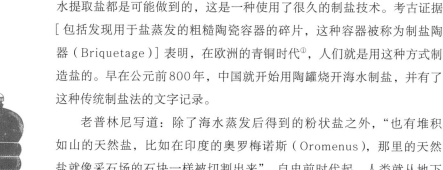

水提取盐都是可能做到的，这是一种使用了很久的制盐技术。考古证据［包括发现用于盐蒸发的粗糙陶瓷容器的碎片，这种容器被称为制盐陶器（Briquetage）］表明，在欧洲的青铜时代①，人们就是用这种方式制造盐的。早在公元前800年，中国就开始用陶罐烧开海水制盐，并有了这种传统制盐法的文字记录。

老普林尼写道：除了海水蒸发后得到的粉状盐之外，"也有堆积如山的天然盐，比如在印度的奥罗梅诺斯（Oromenus），那里的天然盐就像采石场的石块一样被切割出来"。自史前时代起，人类就从地下开采岩盐。有证据表明，早在公元前1500年左右，奥地利哈尔施塔特（Hallstatt）盐矿就开始了采矿活动。其中一个矿井里的木制楼梯是由云杉和冷杉制成的，可以追溯到公元前1344年，是欧洲最古老的楼梯。在过去，从地下挖盐是困难、费力和危险的；因此，直到今天，"回到盐矿"（Back to the salt mine）这个短语还是指艰苦的、没有回报的工作。现在，从地下开采岩盐有两种方法。第一种方法是用大型的、强力的机械挖掘机（而不是人工）从矿里挖岩盐。在寒冷的天气里，我们会把这种盐撒在路面上。第二种方法被称为水力采矿或溶液采矿。水被输入地下盐矿，转化为盐水，然后盐水被输送回地表，经过蒸发，形成盐。

如今，大多数盐是通过真空蒸发法生产的，这种方法通过在过程中施加压力来确保有效利用能源。这个系统包括将盐水（以天然海水或岩盐盐水的形式）通过管道抽到三、四或五个密闭容器中，每个容器都含有蒸汽室。盐水在第一个容器中以进气压力设定的温度沸腾，促使盐结晶、水蒸发。剩下的盐水与盐晶体一起被送入第二个容器，在那里更多的水分被蒸发。当盐水通过容器时，压力不断降低，最后几个容器在真空中工作。这意味着盐水可以在远低于正常气压下的沸腾温度沸腾，所以这个过程需要的能量要少得多，这从经济上看很有效率。为了给食品产业制造盐，湿润的盐被冷却、筛选和分级。盐水也可以在一个长而开放的平底锅里加工，这个平底锅叫作盐结晶器，由蒸汽管加热。加热导致盐水表面形成盐片，盐片不断增多，直到沉到平底锅的底部，人们从那里收集盐片并将其干燥。用这种方法制成的盐呈小片状而不是小块状。

---

① 青铜时代：大约从公元前4000年至公元初年。

水果马沙拉

4人份

准备20分钟，加上浸泡15分钟

在巴基斯坦和印度的菜肴中，富含矿物质的喜马拉雅黑盐被当作一种香料使用，最经典的例子是一道名为马沙拉（Chaat masala）的菜肴。这个传统菜谱把新鲜水果、鹰嘴豆与芳香、辛辣的香料混合，拥有一种清新的口感。

1 首先，把所有的马沙拉香料均匀混合在一起。

2 将苹果切成四等份，去核，切成薄片，加入一点柠檬汁，搅拌，防止变色。把香蕉切片，淋上剩下的柠檬汁，搅拌，防止变色。

3 把苹果、香蕉、葡萄、杞果、鹰嘴豆与2—3汤匙的马沙拉香料（把剩下的香料放入密封的罐子里，留着以后使用）搅拌在一起。静置10分钟，让香味慢慢散发出来。用薄荷叶装饰即可上桌。

马沙拉香料

1汤匙喜马拉雅黑盐

2汤匙孜然粉

1.5汤匙杞果粉

1茶匙辣椒粉

1茶匙现磨黑胡椒粉

1颗丁香，磨成粉

3个绿色豆蔻荚，取籽，磨成粉

水果和鹰嘴豆混合物

1个苹果

1个柠檬，榨汁

1根香蕉

150克葡萄

200克新鲜杞果丁

165克罐装鹰嘴豆，冲洗一下

薄荷叶，用来装饰

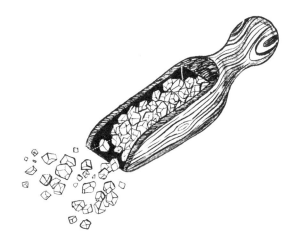

盐矿

为了从地下开采盐，人们挖出了许多非凡的盐矿。人们在发现大量地下盐矿床的地方进行开采，在开采这种宝贵矿物的过程中，从地表下很深的地方开凿出了巨大的杂岩体。

世界上第二大盐矿位于巴基斯坦的克乌拉（Khewra）。传说，当马其顿国王、令人敬畏的军事指挥官亚历山大大帝穿越亚洲时，他和他的军队在克乌拉停下来休息。亚历山大大帝的马开始舔石头，士兵的马也是如此，士兵们意识到石头是咸的，于是他们发现了克乌拉的沉积盐。这些盐矿里的盐特别引人注目，因为包括铁矿石在内的矿物沉积物自然地把盐染成了粉红色和红色。大多数玫瑰色的喜马拉雅盐

> 为了从地下开采盐，人们挖出了许多非凡的盐矿。人们在发现大量地下盐矿床的地方进行开采，从地表下很深的地方开凿出了巨大的杂岩体。

都来自克乌拉的矿井。在隧道里，矿工们用彩色的盐砖建造了一座名为巴德夏希（Badshahi）的小清真寺。如今，这些盐矿是一个备受欢迎的旅游景点，里面有中国长城的复制品和用盐砖建造的邮局。

在波兰南部，人们可以看到历史悠久的维利奇卡（Wieliczka）盐矿。这个盐矿建于13世纪，一直开采到20世纪。在这段时间里，盐矿迅速扩大，成为一个巨大的复杂结构，包含通道、洞穴、地下湖和雕刻，吸引了许多游客来这里看大自然和人类在地球深处创造出了什么。从1774年开始，这里就有一本官方的留名簿，记录显示，参观过这座盐矿的名人有神圣罗马帝国皇帝约瑟夫二世、德国诗人约翰·沃尔夫冈·冯·歌德和波兰作曲家弗里德里克·肖邦。维利奇卡盐矿的亮点之一是圣金加教堂（Chapel of St Kinga），由虔诚的矿工建造，特色是水晶岩盐雕成的闪闪发光的吊灯。1978年，联合国教科文组织将维利奇卡盐矿列入世界遗产名录。尽管这些矿井已经不再使用，但仍然是一个备受欢迎的旅游景点。

必不可少的盐

从化学的角度看，盐由氯化钠组成，氯化钠是一种离子化合物，通常

被简称为钠。人体需要盐才能正常运转，所以盐对生命至关重要。在人体内，钠存在于细胞外液中，氧气和营养物质通过细胞外液进入细胞。钠在调节身体功能和维持整体体液平衡方面起着重要的作用。这是因为钠是一种电解质，是一种溶解在体液中携带着电荷的矿物质。钠、钾、氯和碳酸氢盐被称为血液电解质。人体质量的一半由水组成，水在所谓的体液房室里。电解质帮助身体使这些体液房室保持正常的体液水平，因为一个房室里的体液会随着电解质浓度的变化而变化。如果电解质浓度很高，体液就会通过一种叫作渗透的过程流进这个房室。如果电解质浓度较低，那么体液就会从那个房室里流出。因此，电解质平衡有助于维持人体的体液平衡。

虽然钠是一种必需的营养物质，但人体自身无法产生钠，所以必须从外界获取。某些动物就是因为在生理上需要盐和其他矿物质，才会寻找所谓的"盐碱地"（天然存在于地下的沉积盐），这些动物舔盐是为了获得这些重要的营养物质。排出的体液（血液、汗水和眼泪）都含有钠，所以它们尝起来很咸。1684年，现代化学的先驱、爱尔兰裔英国人罗伯特·波义耳用科学方法证明了，这种咸的味道确实是由我们体内的盐引起的。

人体内的钠含量需要适量和平衡。钠含量低会导致低钠血症，引起肌肉痉挛、头痛和疲劳。如果在高温下或进行了高强度的身体活动而过度出汗，引起钠流失，也可能会使人患上低钠血症。另一方面，过多的钠会导致嗜睡或躁动——这种情况被称为高钠血症。我们现在的饮食含盐量很高，尤其是加工食品中含有大量的盐。

盐罐

过去，盐在欧洲是如此昂贵和重要，以至于盐的消费与社会地位有关。中世纪等级森严，人们吃饭的方式以及吃的食物反映了他们在社会中的地位。王族和贵族坐在高处的高台餐桌旁，而社会地位较低的人则坐在下面的低桌旁。精英阶层被授予的一项特权就是可以取用放在高台餐桌上的盐罐。短语"上席（盐之上）"（Above the salt，指地位高的人）和"下席（盐之下）"（Below the salt，指地位较低的人或社会认可度低的人）体现了这种明显的社会分化。

盛盐的容器体现了盐的价值，这些容器被称为盐罐，是一种特殊的餐具。盐罐的使用可以追溯到古罗马时期，据说古希腊人可能也使用过

腌制鲑鱼片

6人份

准备20分钟（包括给鲑鱼片涂上腌料）

腌制48小时

100克海盐

100克砂糖

2茶匙干胡椒，大致碾碎

1茶匙杜松子，大致碾碎

一小束莳萝，切碎

2片一般大小的寿司级鲑鱼片，带皮，每片重500克

1汤匙杜松子酒（可选）

腌制鲑鱼片（Gravlax，也被称为Gravadlax）是斯堪的纳维亚的一道经典美食，它以优雅、美味的方式展示了盐的腌制能力。腌制鲑鱼片制作起来很简单，但一定要用两片形状、厚度相近的寿司级鲑鱼片，以确保能够均匀地腌制。可以配上黑麦面包或新土豆，和莳萝、芥末酱一起享用。

1 把盐、糖、干胡椒、杜松子和莳萝放在一个小碗里混合。

2 将鲑鱼片洗净，轻轻拍干。将一片鱼片放在一大张保鲜膜上，鱼皮那一面朝下。把莳萝混合物均匀地涂在鲑鱼肉上。如果用的话，洒上杜松子酒。在鱼肉上放上另一片鲑鱼片，这一片鱼肉面朝下。

3 用保鲜膜把两片鲑鱼紧紧地包裹起来。把这包鲑鱼放进一个比较深的盘子里，在鲑鱼上面放一块小木板或稍小一点的盘子，再放一些重物（如罐头食品）来压住木板或盘子。

4 放入冰箱冷藏48小时，每过12个小时翻个面。腌制时，盘子里会出现一些咸的液体，这是腌制过程中的自然现象。

5 腌制结束后，撕去保鲜膜，把鲑鱼片轻轻拍干。然后把鲑鱼片切开，切成又长又薄的小片，把肉从鱼皮上扯下来，直到只剩下鱼皮。丢掉鱼皮，鱼肉上桌。

盐罐。在中世纪，盐罐成为餐桌中央越来越重要的装饰品，通常由银制成。由于盐是通过煮沸海水提取出来的，所以盐被视为海洋的礼物，因此盐罐通常会具有海洋的元素。

最著名的盐罐是意大利文艺复兴时期著名的雕刻家和金匠本韦努托·切利尼（Benvenuto Cellini）在1540—1543年间制作的萨列拉（Saliera）或切利尼（Cellini）盐罐。它是一件精致的手工艺品，由黄金、珐琅和乌木制成，描绘了海神尼普顿（Neptune）和罗马的大地女神特勒斯（Tellus），放盐的地方是尼普顿旁边的一条小船。这项工作是由法国国王弗朗西斯一世委托进行的。根据切利尼的自传，国王在看到这个盐罐的模型后惊呼道："这比我能想象到的要精美百倍。"他委托切利尼用贵重的黄金制作。如今，这件精美的作品在奥地利维也纳的艺术史博物馆展出。

盐与税收

在历史上，盐对人们如此重要，所以世界各国政府发现提高盐的关税能够有效地增加收入。公元前7世纪，中国的统治者开始对盐实行国家垄断。意大利的威尼斯探险家马可·波罗在1300年描述中国的盐业贸易时写到：盐业是"大可汗（Great Khan）的收入来源"。

盐的故事中有一条主线，即民众抵制不受欢迎的盐税。在法国，1789年大革命前的盐税非常不受欢迎，它从14世纪中期开始征收。贵族、神职人员和其他享有特权的社会成员被免征这项高额税。盐税引起了普通市民的怨恨，他们认为这是勒索，非常不公正，这种怨恨是导致1789年法国大革命爆发的因素之一。1790年，法国国民议会废除了这项盐税，但是拿破仑·波拿巴于1806年重新开始征收盐税。

直到20世纪，盐在政治上仍然很有影响力。英国在印度的殖民当局颁布《盐法》（Salt Acts），禁止印度人收集或出售盐。盐必须从英国购买，英国对盐征收了重税，从印度的矿产销售中获得了大量收入。英国的垄断对所有的印度人都产生了不利的影响，尤其是穷人，他们难以负担这种基本必需品。争取让印度从英国殖民下独立的印度律师圣雄甘地看到了采取萨提亚格拉哈（Satyagraha）行动（非暴力抵抗）的机会。1930年3月12日，在一小群追随者的陪同下，甘地从他的道场出发，步行386千米到丹迪（Dandi），一个靠近阿拉伯海的海滨小镇。在那里，他打算违抗英国的《盐法》，自己收集海盐，这在英国的统治下是一种违法行为。在4月初到达丹迪后，甘地去海滩收集海盐。英国人想抢在他之前把盐埋进泥地里。然而，甘地捡起了一小块盐，这是一种象征性的反抗行为，后来他被英国人正式监禁。甘地的食盐进军（Salt March）运动为印度国内外的独立运动赢得了巨大的支持。

盐与健康

长久以来，盐因其净化、吉祥、有益健康的特性而备受推崇。古埃及人把盐当作药来使用，用来干燥伤口、给伤口消毒以及通便。在古希腊，盐也被认为具有类似的价值。古希腊医生希波克拉底曾建议用盐来治疗各种疾病，包括用盐水的蒸气来治疗呼吸系统疾病。在古罗马，盐也因其治愈疾病的能力而受到重视。古罗马健康和幸福女神萨卢斯（Salus）的名字就来源于拉丁语中的"盐"一词。

几千年来，人们一直认为用盐水洗澡对健康有益，因为盐可以用来治疗伤口或溃疡。人们寻找盐水或矿泉来沐浴的历史由来已久，这一传统导致了这些特殊水域附近的温泉度假村和城镇的兴起。许多历史悠久的温泉仍在使用中，比如奥地利最古老的盐温泉巴德伊舍（Spa Bad Ischl），在那里，盐浴池最早是在小镇的盐矿中修建的。

说到我们饮食中的盐，有人担心现代饮食中所含的盐过量了。盐在食品加工中被广泛使用，所以它是一种隐藏的配料，人们的盐摄入量远远超出大家的想象。摄入大量的钠会增加心血管疾病和中风的风险。世界卫生组织建议成年人每天的盐摄入量不要超过一茶匙，而且他们报告说，大多数人每天的盐摄入量大约是这个量的2倍。

盐的种类

用于烹饪的盐有各种各样的形式，包括调味盐，比如芹菜盐，是往盐中添加了香料粉和干燥的香草后制成的。

粒状食盐

这种常见的食盐是从地下盐矿中开采出来的，经过处理去除矿物质

咸焦糖酱

制作300克

准备5分钟

制作4—5分钟

经典的焦糖酱中加入了盐，让甜味变得更加美妙。在加盐之前先尝一下酱汁，加入盐之后再尝一次，看看盐对甜味的影响。

4汤匙无盐黄油

50克软黄砂糖

50克细砂糖

125毫升高脂厚奶油

0.5—1茶匙海盐

1　将黄油、黄砂糖、细砂糖和奶油放入一个小而厚底的炖锅中。

2　慢慢加热，搅拌，直到黄油融化，糖溶解。

3　把酱汁烧开，让它沸腾1分钟。把锅从火上挪走，加入0.5茶匙海盐，搅拌。尝一尝，如果需要的话，再加0.5茶匙。

沉淀，形成微小的白色立方形晶体。通常，食盐中含有防结块的成分，比如碳酸镁或铝硅酸钠，加入这些成分是为了防止盐晶体粘在一起，使它们易于倒出或撒落。

碘盐

碘盐是一种强化盐，是添加了微量碘的食盐。碘是人体产生甲状腺激素所必需的微量营养素。我们的身体自身无法产生碘，所以必须通过饮食摄入。缺碘可能导致甲状腺肿大、甲状腺功能减退，缺碘母亲生下的孩子可能有智力缺陷。为了解决美国的缺碘问题，20世纪20年代开始，政府将碘化食盐的引入作为增加碘摄入量的一种简单、实用的方法。盐被认为是实行这一公共卫生倡议的有用载体，因为盐的用途广泛，人们负担得起，而且可以长久摄入。自这一倡议实行以来，其他一些国家也纷纷效仿，立法规定食盐中必须加入碘。

犹太盐

在美国，犹太盐指的是一种特殊的不含碘的粗片状盐。犹太盐晶体的表面积更大，能比立方体形盐晶体吸收更多的水分，因此犹太盐常被用于保存食物，比如腌制肉类、罐装和腌制其他食物。这种盐的名字来源于它制作肉的方法，即通过渗透作用从肉中释放血液。犹太教使用的盐是根据犹太教准则生产的盐，由犹太教认证机构认证，适合遵循犹太教饮食习惯的人食用。

泡菜盐

这是专为制作泡菜而设计的一种盐，实际上它就是纯氯化钠，不含碘，因为碘会使泡菜变黑，这种盐也不添加防结块剂，因为防结块剂会使泡菜溶液变浑浊。此外，它的颗粒非常小，所以它能在水中迅速溶解，形成盐水。

腌制盐

这些是专门为腌制肉类而制作的盐制品，可以用来制作培根或咸牛肉等食品。这种盐通常由食盐和硝酸钠组成，为了区别于普通食盐，它

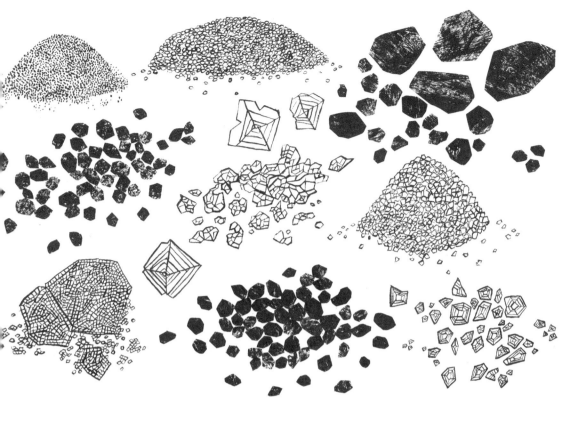

们被染成了粉红色。

海盐

　　这种盐是通过蒸发工艺从海水中提取出来的（见第75页）。未经提炼的海盐含有微量的矿物质，这使它拥有一种更复杂的味道。它的颜色也可能会受到沉积物的影响。例如，由于与黏土接触，盖朗德（Guérande）粗海盐呈灰色。在法国，未经提炼的海盐被称为"sel gris"，意思是灰色的盐。海盐通常以片状出售，因为人们认为其独特、松脆的质地是它们具有吸引力的原因之一。细碎的海盐，类似于颗粒状的食盐，也被用于商业生产。

夏威夷盐

　　在夏威夷群岛，海盐长期以来都是通过日晒蒸发来获取的。传统上，海盐与来自怀梅阿（Waimea）山脉的红色阿拉伊亚黏土（Alaea clay）混合在一起，使盐呈现出红色的色调。这种黏土的使用被认为赋

咸味炸鸡

4人份

准备20分钟，加上一晚上的
盐水浸泡

烹饪25分钟

200克盐

2升水

8个带皮鸡腿

300克普通面粉

1茶匙大蒜粉

1茶匙辣椒粉

盐和现磨的黑胡椒

葵花籽油或植物油，用于油炸

用盐水腌鸡肉能够很好地确保鸡肉在烹饪时是多汁的。炸鸡在很多家庭一直受到欢迎。配上蔬菜沙拉、凉拌卷心菜和土豆沙拉，就是令人满足的一餐。

1 首先，制作盐水。把盐和水倒入一个大平底锅里，慢慢加热，搅拌直到盐溶解。把锅从火上挪走，放到一边冷却。

2 把鸡腿放入冷却的盐水中，确保完全浸泡在盐水中。盖好盖子，放入冰箱冷藏24个小时。

3 将面粉、大蒜粉和辣椒粉混合，用盐和黑胡椒调味。把面粉混合物倒进一个大塑料袋里。

4 往一个深油炸锅或一个大而深的炖锅里倒入油，至三分之二满。将油加热到175℃。

5 把鸡腿放入面粉混合物的袋子中，摇匀，直到裹上一层面粉。把鸡腿分两批放入热油中炸至熟透呈金黄色。用厨房纸吸干油分，马上上桌。

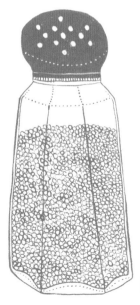

七种食材的奇妙旅行

予了盐特殊的力量，这种盐被用于净化和祝福仪式。

喜马拉雅岩盐

一种数百万年前由内海形成的岩盐，由于含有钾、镁和钙等微量矿物质，自然地呈现出一种美丽的粉红色。

喜马拉雅黑盐

一种印度盐，历史上是由在喜马拉雅山脉发现的岩盐沉积物制成，是用木炭和香料烧制而成的黑色晶体。然而，当研磨时，它呈粉红色，有明显的硫黄气味和味道。

盐之花

在烹饪盐的世界里，有一种盐拥有一个诗意的名字"fleur de sel"（法语，意为"盐之花"），它的地位很特殊。它比普通的盐贵很多，味道和质地受到专业厨师和家庭厨师的高度评价。这种盐是在海洋与特定地形、气候的相互作用中自然形成的。老普林尼在他的《自然史》一书中提到了一种由海洋形成的盐："留在海岸边缘和海边岩石上的泡沫是从海水中自然形成的另一种盐。"他在描述盐之花的一种简单、自然的形态。然而，在过去的几个世纪里，随着采盐技术的发展，既有在海洋自然运动中形成的盐之花，也有人类发挥聪明才智，利用盐水形成的盐之花。重要的是，盐之花并不是简单的海盐或蒸发海水得到的盐。它是在风和太阳的作用下，当浅水池中的海水蒸发时，在水面上形成的盐晶体外壳。

有一个国家与盐之花有特别的关系，那就是法国。布列塔尼（Brittany）的盖朗德（Guérande）、雷岛（Île de Ré）和卡玛格（Camargue）都出产盐之花。在这三个地方中，位于半岛上的盖朗德镇有一个悠久的传统，那就是从当地的大沼泽中采集盐，由于沼泽浅水区的盐呈现白色而被称为"白地"（Pays blanc）。据说，从铁器时代（Iron Age）开始，人们就开始在这里采集盐，而在沼泽中发现盐场可以追溯到3世纪，也就是罗马人到达之后。目前在盖朗德沼泽采用的生产技术可以追溯到9世纪，至今滨海巴特（Batz-sur-Mer）仍有盐场在使用。这个地区的盐工被称为"paludiers"，这个词来源于"palud"，是一个法语方言词，意思是"沼泽"。几个世纪以来，沼泽地里的盐场不断扩建，最后一座建于1800年左右，盐业贸易仍然是该镇重要的收入来源。

盐场借助重力作用来运作，利用涨潮来蓄满水池，利用退潮来清空水池。盐的生产是一年一度的过程，从4月的大潮开始到9月初结束。不仅采集时间相对较短，而且采集要取得成功，天气条件也要适宜。盐的形成需要来自太阳的热量，需要风，最好没有雨。涨潮时，海水经过阿提尔斯（Étiers，运河），流入一个复杂的人工池塘系统，在这个系统中，采盐工人沿着狭窄的堤坝前进。这些池塘是盐场，由含有黏土的沼泽形成，具有延展性、防水性（以保持水分）和足够冷的优势，为结出最优质的盐晶体创造了理想的条件。海水的运动包括潮汐，也包括使用水闸和管道来引导海水。

主池塘（Vasière）是一个大型储水空间，而修建扩展池（Corbiers）是为了将盐的浓度提高到足够高的水平，以清除不需要的藻类和甲壳类动物。接下来是较小的蒸发池（Fares），这个池塘设计得尽可能平坦，可以有较浅的水流动，不到1厘米深；在这里，海水通过自然蒸发进一步浓缩，自然蒸发带走了水分，留下了海水中的盐分。阿德恩池（Adernes）是用来储存海水的储备池塘，被用来给最终的池塘注满海水，最终的池塘被称为奥耶池（Oeillets）。这些长方形的池塘是水的最终归宿，长约10米，宽约7米，建造这些池塘是为了人工采集盐晶体。总的来看，奥耶池只占盐场的10%左右，这表明海水在缓慢流过沼泽的过程中变得多么集中。奥耶池的准备和维护是非常重要的，中间部分的平整度至关重要，边缘有一圈浅浅的水槽。奥耶池不能干透，所以采盐工人会让阿德恩池的水不断流入奥耶池。

每天早晨晚些时候，由于海风和阳光的作用，奥耶池中的盐开始结晶，晶体会漂浮在水面上。这一层不接触黏土的薄薄的盐晶体就是盐之花。奥耶池的底部，也就是海水较冷的地方，也会结晶，形成所谓的粗盐，这是一种不同于盐之花的盐产品，粗盐因为与黏土有接触而自然地呈现灰色。几个世纪以来，盐之花和粗盐都是在夏季由采盐工每天手工采集的。盖朗德盐沼中使用的采集技术被认为是由本笃会修道士在创建

于945年的滨海巴特的修道院里发展起来的。

盐之花的形成量比粗盐少得多，收集的时间在一天中越晚越好，以确保晶体充分形成，使当天获得最大的收成。采盐工会用一种叫作卢斯（Lousse）的特殊耙子从平静的海水表面小心地撇下这层易碎的盐。这项工作需要动作小心细致，不需要太多的力量，所以历来是由妇女来完成的。每个奥耶池每天只能产大约2千克盐之花。采集完盐之花后，采盐工会把它放置于阳光下晾干，然后再采集下层的粗盐。采集粗盐的过程复杂而费力。首先，将阿德恩池的水慢慢注入奥耶池内，以补充水量，好在第二天收获新的盐。接下来，采盐工会用一种叫作拉索（Lasse）的长柄工具将粗盐晶体移向奥耶池的中心平台拉杜雷（Ladure）。盐被从水中拉到这个平台上，形成一堆盐晶体，被称为拉杜利（Ladurée）。采盐工会先将这些粗盐沥干，然后运到盐场边缘堆成更大的盐堆，最后将其收集并储存在筒仓中。粗盐的产量比盐之花多得多，一个奥耶池每天大约可以收获50—70千克粗盐。就像农民和他们的作物一样，对于盖朗德盐场的采盐工来说，适宜的天气条件对于获得好收成至关重要。如果天气持续数周都很热，那么这种受欢迎的晶体就不会形成，反而会在奥耶池的底部形成一种盐粉末。

考虑到形成盖朗德盐之花所需投入的时间和精力，以及收获的量很少，它的价格高于工业生产的食盐也就不足为奇了。长期以来，盖朗德的盐之花一直因其品质而受到赞赏，它在高档食品店有售，在世界各地有一批味觉敏锐的厨师非常推崇它。它有一种特殊的矿物味和甜甜的余味。而且，它因为独特的纹理而特别受到珍视，这种纹理是由形状和大小各异的精致晶体所形成的。所以，盐之花最好被用作最后的调味盐，在上桌前撒在烤牛排、鱼或番茄沙拉这样的菜肴上。

20世纪，对盖朗德盐的需求下降了。然而，最近几十年，人们开始重新推崇优质海盐和盐之花，所以该地区的盐经济出现了复苏。1988年，当地剩下的盐业工人联合起来成立了一个合作社，以保证盐产品的质量。2012年，盖朗德的盐之花被授予"受保护的地理标志"（Protected Geographical Indicator）称号，这是

考虑到形成盖朗德盐之花所需投入的时间和精力，以及收获的量很少，它的价格高于工业生产的食盐也就不足为奇了。

迷迭香和海盐佛卡夏

制作1条面包
准备20分钟，1.5小时发酵
制作20分钟

这款经典的意大利面包制作方法简单，外观令人印象深刻，味道也很好。可单独食用，或与奶酪、腌肉和圣女果一起享用。

500克高筋面粉，多准备一些，
用于撒在面团上
1茶匙快速发酵酵母
1茶匙食盐
1茶匙砂糖
275毫升温水
6汤匙特级初榨橄榄油
2大枝迷迭香
3茶匙海盐片

1　把面粉、酵母、盐和糖倒入一个大碗里，混合。慢慢加入水和2汤匙橄榄油，把所有材料揉成一个黏糊糊的面团。

2　把面团转移到撒有少许面粉的料理台上，揉到面团光滑柔软。把面团放在一个干净的、抹了少许油的碗里，盖上一块干净的厨房巾，放在一个温暖的地方，让面团发酵1个小时。

3　把发好的面团揉成椭圆形，放在抹了油的烤盘上。用一根手指在面团上按压几次，使其表面形成几个凹痕。将迷迭香撕成小枝，放入凹陷处。舀2汤匙橄榄油，浇在面团表面，这样橄榄油就可以填充凹陷处并覆盖在面团表面。放在一边静置30分钟。

4　预热烤箱到260℃。在佛卡夏表面撒两茶匙海盐片。烤20分钟至表面呈金黄色。从烤箱中取出，将剩余的橄榄油浇在佛卡夏上，撒上剩余的海盐，即刻享用或等到常温后食用。

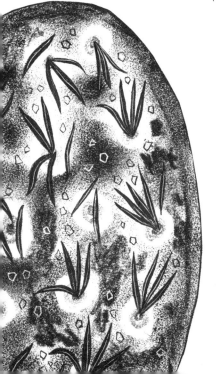

盐鳕鱼丸子

制作24个丸子

准备30分钟，浸泡和冷却24
个小时

烹饪25分钟

600克盐鳕鱼
600克粉质马铃薯，去皮并切碎
2个鸡蛋，稍微打一下
半个洋葱，切成碎末
2汤匙剁碎的欧芹
葵花籽油或其他植物油，用于
油炸

这种小而美味的炸丸子是一道很受欢迎的葡萄牙菜。
用盐鳕鱼烹饪时，记住需要预先把鱼浸泡一段时间。这样
可以软化盐鳕鱼，也可以去除多余的盐。

1　把盐鳕鱼放在冷水中浸泡24个小时，浸泡期间换3次水。

2　把浸泡过的盐鳕鱼放入一个炖锅，倒入大量清水，覆盖
　　住鱼肉，煮沸，小火慢炖约20分钟，直到盐鳕鱼变软，
　　取出沥干。

3　同时，把土豆放入沸腾的盐水中煮至变软，沥干，彻底
　　捣烂。

4　当盐鳕鱼冷却到可以处理的温度时，把鱼皮和鱼骨都挑
　　出来扔掉。把剩下的盐鳕鱼切成薄片。

5　把土豆泥、盐鳕鱼片、鸡蛋、洋葱和欧芹放入一个大碗
　　中，搅拌均匀。用2个汤匙，将鱼肉混合物捏成24个大
　　小均匀的丸子，放在一边冷却。

6　往一个深油炸锅或一个深炖锅里倒入油至三分之二满。
　　把油加热到175℃。把丸子分批放入热油中炸，在炸的
　　过程中转动丸子，使其均匀上色。待所有面都变成金黄
　　色后，取出，在厨房纸巾上沥干油分。

7　即刻享用，或等到常温后食用。

保护传统产品的一种方式。如今，大约有300名盐工在盖朗德的沼泽地里继续从事着这份需要技巧的传统制盐工作。

盐的保存作用

长期以来，盐一直被认为是一种重要的配料，原因之一是它在保存食物方面发挥着重要的作用。腌制是一种古老而普遍的保存食物的方式，至今仍在使用。作为一种保存像肉或鱼这样的易腐食品的方法，盐在冰箱发明之前发挥着非常重要的作用。盐是通过渗透作用来保存食物的。把盐撒在原材料上，比如一片肉或切成薄片的洋葱，很快它的表面就会出现小水滴。小水滴的出现是由于盐的作用，因为撒上的盐需要与食物中的盐含量达到平衡，所以它从食物中提取水分，试图用盐分子取代食物中的水分子。腌制的过程会导致脱水，而正是缺水抑制了微生物的生长。细菌需要水才能茁壮生长，添加盐会创造一个无水或相对无水的环境，因此对微生物不利。

此外，盐通过改变电平衡，也可以防止食物由于酶的作用而腐烂。许多腌制食品都要加盐：比如奶酪、腌肉、火腿、萨拉米香肠（见第22页"熟食店"）和泡菜等。盐在像酸菜和朝鲜泡菜这样的发酵食品的制作中也起着重要的作用。这些泡菜的制作会用到传统的乳酸发酵过程，首先需要往原材料中加入大量的盐。盐创造了一种碱性环境，乳酸菌（Lactobacillus，一种特殊的细菌）可以在这种环境中生长。这种细菌将乳糖或其他糖类转化为乳酸，创造了一个不利于有害细菌生长的环境。

在腌制方面，盐腌有两种形式：干腌和盐水腌（也叫湿腌）。干腌食物，例如，把猪腰肉变成培根，首先需要直接在肉上涂满盐，然后把它放在阴凉的地方静置24个小时，沥干从肉里流出的盐水，然后把新鲜的盐抹进肉里。在5天内不断重复这个干腌过程，然后培根就可以食用或熏制。盐在奶酪制作中起着重要的作用，在奶酪制作中，高度易腐的牛奶被转化为一种能保存较久的食品。通过添加凝结剂（比如凝乳酶）使牛奶凝结后，许多奶酪的配方还都包括在凝乳中添加干盐。加入盐不仅能增加奶酪的风味，还能使凝乳收缩和变干，从而控制含水量，降低病菌在奶酪中生长的风险。

湿腌时，首先往水里加入盐，煮沸溶解，然后冷却。把需要腌制的食物浸泡在盐水中，这样做的好处是盐水溶液完全覆盖了食物，因此可以有效地渗透。盐水溶液中盐和水的比例以及食物和盐水的接触时间取决于腌制的是什么。在过去，咸猪肉是陆海军的重要食品。制作方法是给猪肉抹上盐，然后把猪肉浸泡在装有浓盐水的大桶里，这样就可以保存很长时间。另一种腌肉是咸牛肉，把牛胸肉放入加了香料的盐水中浸泡数天，然后沥干、冲洗、煮至变软。制作奶酪时也用到了湿腌的方法，某些种类的硬奶酪需要浸泡在盐水中，可以增加风味，同时也可以杀死有害细菌，促进奶酪外皮的形成。

尽管罐装、冷藏和冷冻等技术的发展成功地延长了食品安全食用的时间，但盐仍然在食品保存方面发挥着重要的作用，几个世纪以来一直如此。

盐鳕鱼

用盐保存的食物有许多，鱼是其中的一种。在鲜鱼身上抹上盐可以使这种易腐坏的食材安全存放和食用好几天。对于出海捕鱼的渔民来说，以这种方式保存他们的捕获物在经济上是可行的。在中世纪的欧洲，咸鱼是一种必不可少的食物，宗教在创造这种需求方面起了关键作用。斋戒日不吃肉的规定使人们改吃鱼。在运输缓慢、没有冷藏设备的时代，获取新鲜的鱼是一项挑战，所以保存完好的咸鱼是另一个不错的选择。

在运输缓慢、没有冷藏设备的时代，获取新鲜的鱼是一项挑战，所以保存完好的咸鱼是另一个不错的选择。鳕鱼是一种脂肪含量低的大鱼，很适合腌制和晒干。

鳕鱼是一种脂肪含量低的大鱼，很适合腌制和晒干，而且能比鲱鱼等脂肪含量高的鱼保存得更久。鳕鱼成为许多国家制作咸鱼时的首选。鳕鱼是一种冷水鱼，生活在北大西洋沿岸水域。腌制鳕鱼的传统由来已久，维京人在寒冷的空气中风干鳕鱼，不加盐，就把鳕鱼变成了鳕鱼干。盐鳕鱼是将新鲜的鳕鱼去内脏、分割开，用大量的盐腌制，使之变干而成。盐鳕鱼受到人们的喜爱不仅是因为它耐保存，还因为浸泡过后它的味道和口感很好。在中世纪的欧洲，人们对盐鳕鱼的需求如此之大，以至于鳕鱼成了一种宝贵的、受欢迎的食材。1497年5月，意大利航海

烤海盐杏仁

制作 225 克

准备 3 分钟

烹饪 12—18 分钟

咸坚果是一种很受欢迎的零食，这是有原因的。它可以与经典的马提尼、杜松子酒或葡萄酒一起食用，口感和风味会与酒形成鲜明对比。在家里做新鲜烘烤的坚果很简单，而且做好后令人难以抗拒。这个食谱用的是杏仁，按照同样的方法，你也可以烤腰果、榛子或混合坚果。

1　预热烤箱至175℃。

2　把杏仁摊在烤盘上。烤10—15分钟至金黄色，时不时地把杏仁翻个面。

225克白色杏仁

2茶匙橄榄油

1茶匙粗海盐

0.5茶匙细海盐

3　往杏仁中加入橄榄油和海盐，搅拌均匀。再烤2—3分钟。取出，晾凉并存放在密封容器中。

家、探险家乔瓦尼·卡博托［Giovanni Caboto，也被称为约翰·卡伯特（John Cabot）］从布里斯托尔（Bristol）向西航行。6月，他看到了陆地，误以为是亚洲，但实际上是现在的纽芬兰（Newfoundland）。然后他回到了英国，他的报告中有一篇是关于在这片新发现的陆地附近的海里发现了大量的鱼。米兰驻英国大使在报道卡伯特的航行时写道：

> 他们断言，那边的海里有大量的鱼，这些鱼不仅可以用网捕获，还可以用篮子捕获，把石头放进篮子里，这样篮子就会沉到水里去。我经常听到梅瑟·佐恩（卡伯特）先生这样说。他的英国同伴说，他们可以捕到这么多的鱼，所以这个国家不再需要冰岛了，冰岛出产大量的鳕鱼干。

1534年，法国探险家雅克·卡蒂亚（Jacques Cartier）"发现"了圣罗伦斯河口，在那里他发现了一大批巴斯克（Basque）船只。事实是，几个世纪以来，巴斯克人一直在开发现在加拿大海岸附近富含鳕鱼的海域，并经营着利润丰厚的盐鳕鱼贸易。渔民在纽芬兰大浅滩（Grand Banks）的发现对盐鳕鱼市场来说意义重大。北美大陆架的部分水域拥有水下高原，这些水下高原所在的水域富含浮游生物，人们在这些水域里发现了大量鱼类，其中包括鳕鱼。盐鳕鱼是一种人们负担得起且便于运输的食物，在世界上许多地方被当作一种基本食材使用。欧洲人把盐鳕鱼看作一种廉价的食物，用来分配给美洲种植园的奴隶食用，这意味着盐鳕鱼成了加勒比和中南美洲地区广泛食用的一种食材。盐鳕鱼在许多欧洲国家很受欢迎，包括法国、意大利和西班牙。尤其在葡萄牙，它特别受欢迎，在那里盐鳕鱼被昵称为"fiel amigo"，意为"忠实的朋友"，许多菜肴都会用到盐鳕鱼。1992年，加拿大政府宣布暂停北部鳕鱼渔业，该地区的渔业在维持盐鳕鱼市场方面发挥了重要作用。过度捕捞导致该地区鳕鱼数量锐减。如今，盐鳕鱼不再是一种随处可见的廉价食品；相反，它是一种昂贵的奢侈品，因其独特的味道和口感而备受喜爱。

烹饪盐

在全世界，盐都被用于食品生产和烹饪，它给食物增加了一种公认的基本味道。大米、意大利面或土豆等主食通常可以用一小撮盐来提味。此外，盐被放在餐桌上（放在盐瓶、盐研磨器或小容器中），用餐者可以根据自己的口味用盐调味。盐的影响力非常大，所以厨师们被建议适量地使用它，因为加入过多的盐会毁掉一道菜。在烹饪的时候，最好先加一点盐，尝一下味道，如果需要就再加一点，因为一旦加得太多，就很难挽回菜的味道了。当用盐调味时，还需要记得其他配料也有咸味；比如加入培根、酱油和帕尔玛奶酪这样的配料会增加菜的咸味。

咸味深受人们的喜爱，它是许多重要调味品的特征。在古希腊、拜占庭和罗马，从腌制和发酵的鱼中提取的液体鱼酱油是一种重要的调味料。在1世纪编纂的《阿比修斯食谱》（Apicius）中，鱼酱油出现过许多次。东南亚的鱼露在泰国被称为年卜拉（Nam pla），是用浸泡在盐水中的发酵鱼制成的；鱼露至今仍在广泛使用，它的特点是咸味和鱼腥味。中国的必备调味品酱油是用发酵的大豆和盐水制成的，以咸著称，常被用来代替盐，用于炒菜、炖菜和烤肉。放在中国餐桌上的调料常常

花生酱曲奇

制作大约46块曲奇

准备20分钟，加上1个小时的
冷藏定型

制作15—30分钟

115克软化黄油

60克深棕糖

115克白砂糖

1个鸡蛋，打散

0.5茶匙香草精

250克顺滑的或带颗粒的花生酱

140克普通面粉

0.5茶匙小苏打

这种曲奇深受人们的喜爱，它完美地印证了咸味和甜味可以非常好地融合在一起。这种金黄色的小曲奇，制作方法简单，是一种真正的美味，和咖啡是完美搭配。

1 把黄油、深棕糖和砂糖放进一个搅拌碗里，用一个木勺把这些材料搅拌均匀。

2 分别把打好的鸡蛋、香草精倒入碗中，拌匀。放入花生酱，拌匀。

3 筛入面粉和小苏打，拌匀，形成一个软而黏的面团。盖好盖子，放入冰箱冷藏1个小时。

4 预热烤箱至175℃。把冷藏后的面团揉成大小均匀的小球。把面团球放在抹了油的烤盘上，互相间隔一点距离，用叉子压平面团球，同时做出一个有特色的带有纹路的外观。

5 根据烤箱的容量，分一到两批进行烘烤。每批烘烤15分钟直到曲奇变成深金黄色。放在金属架上晾凉，然后存放在密封的容器中。

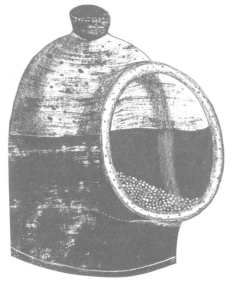

七种食材的奇妙旅行

是酱油而不是盐。

　　盐能够保存食物（见第95页），这意味着它在许多深受人们喜爱的食物中起着关键作用，为食物增添了风味。令人惊讶的是，许多用鱼做成的珍贵的美味佳肴明显是咸的。鱼子酱这个词传统上指各种鲟鱼的腌制鱼卵，不过这个词也可以用来指其他鱼的鱼卵。历史上，鱼子酱是用里海和黑海的野生鱼制作的。办法是从雌鱼中提取鱼卵，用盐腌制，因此它的特点是咸。另一道腌鱼卵的美味是意大利的波塔加（Bottarga），它是用盐腌灰色鲻鱼卵并风干后制成。传统上，波塔加要么被切成细条，配上橄榄油和柠檬汁食用，要么被磨碎，拌入意大利面食用。更经济实惠的是腌制凤尾鱼，把凤尾鱼放入盐水中腌制，抹上盐或放入油中保存，这是一种受欢迎的地中海食材。往比萨、炖菜、蘸酱和烤肉等菜肴中加入凤尾鱼，可以使这些菜肴拥有一种独特的咸鲜味。传统的威尼斯菜意大利扁平细面（Bigoli）是用一种粗的意大利面配上慢炸的洋葱和凤尾鱼片，从而让凤尾鱼融入洋葱里。这是一道简单但令人印象深刻的菜，洋葱的甜味和凤尾鱼的咸味让它变得格外美味。

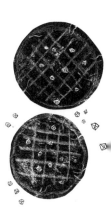

　　盐能够通过渗透作用提取水分，这意味着在烹饪某些食材之前可以先用盐腌一下。烹饪茄子的传统做法是，将茄子切成片，用盐腌20—30分钟，以提取出苦味汁液，然后洗净，沥干后再油炸。在炸洋葱之前先用盐腌一下是很有用的，因为这样可以排干水分，使洋葱更快地炸成深棕色。同样地，当把大蒜捣碎成糊状时，加一小撮盐可以帮助它分解。在制作秘鲁菜肴酸橘汁腌鱼（Ceviche）时，先在生鱼或海鲜上撒一点盐，打开食材的毛孔，然后加入腌泡汁。加盐是腌制如黄瓜或密生西葫芦等蔬菜时的一个重要步骤，可以帮助它们变紧致，去除多余的水分。在北非，腌柠檬是用盐腌新鲜柠檬制成，腌制使柠檬变成了一种可以保存很久的调味品，可以用来给肉、家禽和炖鱼调味。

　　盐有一个不同寻常的用法，那就是用大量的盐（通常与蛋清混合）完全裹住一种食材，形成一个盐外壳，然后进行烘烤。在地中海地区，这是烹饪整条鱼（比如海鲈鱼或鲷鱼）的一个经典方法。烤好后，硬盐壳裂开，露出多汁、细嫩的鱼。中国菜肴中有盐焗鸡，办法是给一整只三黄鸡或清远鸡调味，抹上盐，然后烹调。这种烹饪方法受到了人们的欢迎，形成一股新的潮流，人们用这种方法来烹饪全根类蔬菜，比如根芹菜、甜菜根和欧洲防风草。

盐鳕鱼是一种标志性的腌制食品（见第96页），要烹饪盐鳕鱼，首先要浸泡干而硬的鱼，使其变软，同时降低其咸味。在法国，有一道用盐鳕鱼做的名菜，叫奶油焗鳕鱼（Brandade de morue），是朗格多克和普罗旺斯的一道特色菜，它最早的书面菜谱可以追溯到1830年。这个名字来自普罗旺斯语中的动词"brandar"，意思是"搅拌"。制作方法是将盐鳕鱼浸泡在水中，然后放入橄榄油和牛奶中，大力搅拌，形成浓稠的鳕鱼酱。法国和葡萄牙拥有很多关于盐鳕鱼的食谱，可以用在热菜里，比如奶油烤菜和蛋奶酥，也可以放在水里煮，晾凉，再用油醋汁蘸着吃。事实上，人们认为葡萄牙人每天都会做一道不同的盐鳕鱼菜肴。盐鳕鱼丸子（Pasteis de bacalhau）是葡萄牙的一道非常受欢迎的小吃（见第94页），由水煮的盐鳕鱼、土豆泥、鸡蛋和欧芹混合制作而成。其他菜肴有布拉斯式鳕鱼（Bacalhau a Bras），是把盐鳕鱼、土豆和打散的鸡蛋放在一起炒熟；盐鳕鱼乱炖（Bacalhau com todos）是一道节日菜肴，菜里有盐鳕鱼、新鲜烹煮的土豆、卷心菜和煮熟的鸡蛋；还有盐鳕鱼饭（Arroz de bacalhau）。盐鳕鱼确实是一种用途广泛的食材。

在美国，标志性的腌制食品是咸牛肉，也被称为盐牛肉。这是一种盐腌牛肉，是将牛胸肉浸泡在加了香料的盐水中腌制而成，这一制作过程赋予了牛肉一种特殊的味道和口感。在纽约的凯兹（Katz's）等熟食店，这是一道很受欢迎的菜品。在鲁宾三明治（Reuben sandwich）中加入盐牛肉的做法很有名，即用两片烤过的黑麦面包夹上盐牛肉、德国泡菜、瑞士奶酪和鲁宾酱，趁热享用。

有趣的是，盐常被用来提升甜食的味道。在饼干、蛋糕、巧克力布丁、蛋白甜饼或酱汁等甜食中加入少量盐，可以增加甜味。盐能增加食物的甜味和鲜味，还能抑制食物中的苦味。美国有一种历史悠久的糖果，味道就是咸甜的，那就是盐水太妃糖。它起源于大西洋城，从19世纪后期开始制作，由糖、金黄色糖浆、盐水和黄油制成。

近年来，食盐（通常以著名的海盐片的形式出现）作为一种时尚调味剂逐渐兴起。在饼干、甜点等烘焙食品和牛奶巧克力这样的糖果中，盐的添加量超过了传统用量。法国的布列塔尼地区以丰富的乳制品传统和海盐闻名（见87页），人们可以在那里找到咸黄油焦糖，这是当地配料的巧妙组合。如今，咸焦糖在西方非常流行，人们在许多当代食谱中都能发现它的身影，比如蛋糕、布朗尼、甜果馅饼和加了咸焦糖酱的布丁。我们对盐的迷恋似乎一直延续到了21世纪。

近年来，食盐（通常以著名的海盐片的形式出现）作为一种时尚调味剂逐渐兴起。在饼干、甜点等烘焙食品和牛奶巧克力这样的糖果中，盐的添加量超过了传统用量。

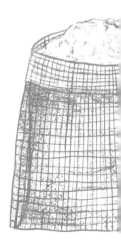

辣　椒

辣椒起源于南美洲，是一种风靡全球的食品，在世界各地被广泛种植和食用。我们痴迷于在烹饪时使用辣椒与吃辣椒时我们嘴里会产生独特的火热感觉有关，这是人类享受的一种令人感到愉悦的痛苦，这种感觉促使我们在厨房里以多种创造性的方式使用辣椒。

辣椒是辣椒属（Capsicum）植物，被认为起源于南美洲的玻利维亚，那里的野生辣椒直到今天还在生长。后来，野生辣椒被引进到南美洲、中美洲和加勒比地区的其他国家，可能只是通过鸟类排泄身体未消化的辣椒种子来传播。人类首次种植这种灌木状多年生植物的时间和地点尚未确定。人类最早使用辣椒的证据之一是从墨西哥的科斯卡特兰洞穴（Coxcatlan Cave）中挖掘出的植物遗存。虽然从洞穴早期地层中发现的种子被认为是野生的，但人们相信那些生长于公元前3000年至公元前2000年之间的种子来自人工种植的植物。

1492年，克里斯托弗·哥伦布到达伊斯帕尼奥拉岛（Hispaniola，分属于多米尼加共和国和海地共和国）后，欧洲人和（南北美洲）新大陆的辣椒第一次相遇了。这名热那亚探险家带着一种新香料回到了西班牙，这种香料在泰诺语（Taíno）中叫作"aji"，但哥伦布把它叫作"pimiento"，因为辣椒的炽热让他想起了自己寻找的宝贵香料"pimienta"（黑胡椒）。尽管这两种植物没有关系，但至今人们一直都用"pepper"这个词来指辣椒的果实。16世纪，西班牙探险家在墨西哥邂逅并征服了阿兹特克王国。他们开始使用"chile"这个词，这个词来源于纳瓦特尔语（Nahuatl），意为"辣椒"。在纳瓦特尔语中，

"chil"的意思是辣椒和红色。1493年，哥伦布在第一次航行到新大陆的返程中，给他的赞助人斐迪南国王和伊莎贝拉王后带去了他从世界另一端带回的异国新奇食品。西班牙探险家埃尔南·科尔特斯（Hernán Cortés）的秘书描述了这顿有趣的大餐："他们尝试了辣椒，一种印第安人使用的香料，会让舌头产生灼烧感，还有甜土豆（Batatas），一种甜的块根食物，还有火鸡（Gallipavos），口感比孔雀和母鸡更好。"

方济各会修士贝尔纳迪诺·德萨阿贡（Bernardino de Sahagún）根据自己在墨西哥的生活经历，撰写了一部关于16世纪阿兹特克人生活的百科全书，现在被称为《佛罗伦萨手抄本》（*Florentine Codex*），其中有一段精彩的描述，介绍了特拉特洛尔科（Tlatelolco）的市场上出售的一系列辣椒。他描述了辣椒经销商如何销售"黄辣椒、翠拉辣椒、天皮辣椒和

德萨阿贡记录了阿兹特克人如何用辣椒治疗牙痛和咳嗽。在他们的烹饪生活中，阿兹特克人用辣椒来增加食物的风味，但在宗教斋戒期不能食用辣椒。

奇奇欧阿辣椒。他卖的有水辣椒、康辣椒、烟熏辣椒、树辣椒、细长的辣椒，还有那些看起来像甲虫的辣椒。一些人卖的辣椒是三月播种的，根部是空的。另一些人卖的是青辣椒、红尖椒，还有其他品种，包括来自阿兹兹卡（Atzitziucan）、霍奇米尔科（Tochmilco）、瓦兹特佩克（Huaxtepec）、米却肯（Michoacán）、阿纳瓦克（Anahuac）、瓦斯特克（Huaasteca）和奇奇梅克（Chichimecca）的辣椒"。德萨阿贡描述的许多辣椒现在已经无法辨认，但他的话生动地反映了阿兹特克辣椒文化的丰富性。在他伟大的著作中，德萨阿贡记录了阿兹特克人如何用辣椒治疗牙痛和咳嗽。在他们的烹饪生活中，阿兹特克人用辣椒来增加食物的风味，但在宗教斋戒期不能食用辣椒。

西班牙人征服了秘鲁的印加族，也遇到了辣椒。尽管这里的气候比墨西哥温和，但人们也广泛种植和食用辣椒。印卡·加西拉索·德拉维加（El Inca Garcilaso de la Vega，印加公主和一个西班牙士兵的儿子）有一部讲述印加生活的著作，于1609年出版，描述了印加人有多么喜爱辣椒："他们吃什么都要用辣椒调味——无论是炖、煮或烤，吃什么都少不了辣椒。"印加人如此钟爱辣椒，以至于他们只有在禁食期间才不吃辣椒。德拉维加描述了印加人吃的各种辣椒，其中包括至今秘鲁菜肴中仍会加入的罗

可拓辣椒（Rocoto）。

在五种被驯化的辣椒品种中，有三种已经在全球范围内传播开来，分别是五色椒（*Capsicum annuum*）、黄灯笼辣椒（*Capsicum chinense*）和灌木状辣椒（*Capsicum frutescens*）。16世纪辣椒的分布与欧洲殖民主义和贸易有关。西班牙人和葡萄牙人把辣椒引进到新大陆以外的国家。1498年，葡萄牙探险家瓦斯科·达·伽马（Vasco da Gama）航海抵达印度，1500年，他的同胞佩德罗·阿尔瓦雷斯·卡布拉尔（Pedro Álvares Cabral）到达巴西，声称那里是葡萄牙国王曼努埃尔一世（Manuel I）的领地。沿着这些路线做生意的葡萄牙商人携带有许多辣椒种子。人们认为，从事罪恶的奴隶贸易的从新大陆航行到西非奴隶海岸的奴隶船是辣椒被引入非洲的途径之一。辣椒很快成为非洲美食的重要组成部分，在非洲大陆的每个国家都有种植。

令人吃惊的是一些国家非常快地接受了辣椒。遗憾的是，很少有关于葡萄牙人将辣椒引入印度的文字记载。我们所知道的是，在瓦斯科·达·伽马到达印度后的30年内，马拉巴尔（Malabar）海岸种植了三种不同的辣椒，并且进行着辣椒贸易。印度人对自己的黑胡椒

阿多博卤鸡

4人份
准备15分钟，加上浸泡30分钟，腌制一整晚
烹饪30分钟

1根安祖辣椒
1根瓜希柳辣椒
2瓣蒜，去皮并捣碎
1茶匙孜然粉
1茶匙干牛至
8个带皮鸡腿
盐
2汤匙橄榄油
1个洋葱，去皮切碎
1个橙子，榨汁

干的墨西哥安祖辣椒和瓜希柳辣椒（Guajillo）有独特的水果和泥土的味道，先烘烤增加其味道，然后浸泡，成为鸡肉的腌料，能让食物变得辛辣、美味。可与热玉米薄饼、鳄梨色拉酱和酸奶一起食用。

1   把安祖辣椒（Ancho）和瓜希柳辣椒的蒂去掉，切开，去籽。

2   现在，把辣椒烤一下，让它的味道更浓郁。开火，把一个厚底煎锅烧热。把安祖辣椒和瓜希柳辣椒放入锅中，用小铲子把它们压在锅底几秒钟，然后翻个面，再压几秒钟，注意不要把它们烧焦。

3   把烤好的辣椒放在一个耐热的碗里，用温水浸泡30分钟左右直到变软。

4   把辣椒沥干，放入料理机打成糊状。把辣椒酱、大蒜、孜然粉和干牛至混合在一起。

5   把鸡腿放在一个大碗里，用盐调味。放入辣椒酱和橄榄油，搅拌，让辣椒酱均匀地裹在鸡腿表面。加入洋葱和橙汁，搅拌均匀。盖上盖子，放入冰箱，腌至少4个小时，最好过一夜。

6   预热烤箱至200℃。把鸡腿放在烤盘里烤30分钟，直到熟透，中途翻个面再烤。烤好之后立即上桌。

（Piper nigrum）香料带来的灼热感很熟悉，所以对辣椒很感兴趣。就像大蒜一样，无论在什么地方被引入，辣椒都能受到穷人的重视，因为它能让食物的味道发生重大的转变，能让最普通的食材变得颇具风味。

葡萄牙人在将辣椒引入东南亚的过程中也发挥了重要作用。1511年，阿方索·德·阿尔布克尔克（Afonso de Albuquerque）占领了马来西亚的战略港口马六甲，控制了通往马六甲海峡的通道，从而控制了与中国和印度的海上贸易。那一年，葡萄牙人首次访问了暹罗大城王国，即现在的泰国。辣椒成了东南亚美食的一种重要调味料，泰国人培育了自己的辣椒，其中包括非常小却非常辣的小辣椒（Prik ki nu），也被称为"鸟眼椒"。葡萄牙人也向日本人引入了辣椒，但日本人基本上对这种植物的魅力无动于衷。然而，正是日本人把辣椒引入了韩国，后来韩国人喜欢上了吃辣椒。目前还不清楚辣椒是如何传入中国的，但在中国的四川省，人们对辣椒热情高涨。

在欧洲，辣椒最初种植于西班牙的修道院，修道院享有皇室的待遇，因此可以从西班牙在新大陆的殖民地获得辣椒种子和插枝。在欧洲，人们认为辣椒是一种由园丁种植的新奇植物。有时，将辣椒运往欧洲的路途又漫长又曲折。1597年，英国植物学家和草药学家约翰·杰拉德（John Gerard）在他的《本草要义》（Herball）一书中写道："来自（西非）几内亚（Guinea/Ginnie）、印度等地区的辣椒被引进到西班牙和意大利，然后那里的辣椒为英国的花园提供种子。"在传入土耳其后，辣椒很快在整个奥斯曼帝国传播开来。16世纪下半叶，辣椒被引入匈牙利，人们认为这些辣椒是保加利亚人带来的，而保加利亚的辣椒是土耳其人带来的。

如今，辣椒在世界各地备受欢迎，广泛种植。据估计，地球上四分之一的人每天都会吃某种形式的辣椒。

辣椒的灼热感

在吃许多辣椒的时候，嘴里接触辣椒的地方会产生一种灼烧感，这种"灼热"感是辣椒最著名、最显著的特征。这种效果是由辣椒所含的辣椒素类物质产生的，辣椒素类物质是一组只有辣椒含有其他植物没有的化合物。从根本上来说，这些辣椒素类物质是一种强大的、防御性的植物化学武器，通过引起刺激来阻止哺乳动物捕食者食用这种植物的珍贵种子。

五种主要的辣椒素类物质是辣椒素（数量最多的一种）、二氢辣椒素、降二氢辣椒素、高二氢辣椒素和高辣椒素。在吃辣椒时，这几种辣椒素会一起发挥作用，让嘴里产生复杂的感觉。其中三种会在上颚和喉咙后部产生"快速刺激"的感觉，而另外两种则会在舌头和上颚中部产生长久而强度低的感觉。每种辣椒中，这些化合物的含量各不相同，这就是为什么不同的辣椒会带来不同的灼烧感。

总的来说，辣椒中的辣椒素是在所谓的胎盘组织中发现的，胎盘组织是辣椒内部用来保存和培养种子的柔软湿润的部分。然而，科学家们发现，在一些热门品种的辣椒中，辣椒素遍布整个辣椒，甚至出现在通常不含辣椒素的果皮（厚实的外部结构）中。辣椒中辣椒素的含量各不相同，受辣椒品种、果龄和植株生长方式的影响，海拔、干旱和过量降雨等条件也会对辣椒素的含量产生影响。即使是在同一株植物上，每根辣椒中辣椒素的含量也会有所不同。

哺乳动物吃辣椒时，辣椒素会对身体产生特别的影响。首先，它们

克什米尔土豆咖喱

4人份
准备15分钟
烹饪40分钟

克什米尔辣椒粉为这道丰盛的传统土豆菜肴增添了一抹独特的鲜红色和一种恰到好处的热辣味道。可以作为印度餐的蔬菜配菜食用，或者和印度烤饼一起作为素食餐食用。

450克大小均匀的小土豆
50毫升葵花籽油或植物油
225克洋葱，去皮，切碎
1根肉桂棒
4粒丁香
4粒小豆蔻
2瓣大蒜，去皮切碎
2.5厘米姜块，去皮，切碎
125毫升全脂天然酸奶，搅拌
115克罐装碎番茄
1茶匙芫荽粉
1茶匙茴香粉
0.5茶匙姜黄粉
1茶匙克什米尔辣椒粉
盐
125毫升热水
切碎的香菜叶，用来装饰
（可选）

1   把带皮的土豆放在盐水里煮约10分钟，直到变软。沥干，去皮，切成四等份。

2   往一个深煎锅里倒入油，烧热，放入土豆，炸约10分钟，直到表面变成金黄色。用漏勺捞出，把油留在锅里，用厨房纸巾吸干土豆表面的油。

3   再次用中火加热煎锅，加入洋葱、肉桂棒、丁香和小豆蔻。翻炒约5分钟，直到洋葱变成浅棕色。加入大蒜和姜末炒1分钟，直到炒出蒜香。

4   加入搅拌好的酸奶，再翻炒1分钟。

5   加入切碎的番茄、芫荽粉、茴香粉、姜黄粉和辣椒粉，搅拌均匀。用盐调味。加入热水，搅拌，烧开。

6   把土豆放入辣酱中，搅拌均匀，让土豆表面裹上一层酱汁。小火慢炖10分钟，不时搅拌，直到土豆完全煮熟。马上上桌，如果喜欢还可以撒上一些香菜，作为装饰。

蒜香橄榄油辣味意面

4人份
准备5分钟
烹饪10分钟

这道美味的意大利面菜肴起源于意大利南部，那里的人喜欢吃辣椒。这道菜使用的是意大利干辣椒，正式名称为"peperoncini piccante"，通常简称为"peperoncini"，是意大利南部厨房里流行的食材。这道菜是典型的意大利风格，它将意大利面、橄榄油、大蒜和干辣椒这些简单的食材组合在一起，成品非常美味。

盐
450克意大利面
125毫升特级初榨橄榄油
4瓣大蒜，去皮，切片
4根辣椒（小的意大利干辣椒）
切碎的欧芹，用来装饰

1 往一个炖锅里加入一些水和大量的盐，烧开。加入意大利面，煮至筋道。

2 意大利面快煮好的时候，往一个小煎锅里倒入一些橄榄油，开中低火加热。加入大蒜翻炒，炒至金黄色。把干辣椒弄碎（注意弄碎之后要用肥皂和热水洗手），放入煎锅里煎一下，与大蒜、橄榄油充分混合。

3 把煮熟的意大利面沥干，放回炖锅中，立即加入辛辣而蒜味十足的橄榄油混合物，充分搅拌。撒上欧芹，即可上桌。

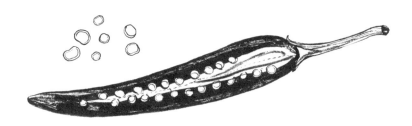

会让身体产生一种灼热的感觉，这就是为什么吃辣椒时常会出汗，新陈代谢速率会加快。辣椒素会触发人体的一个痛觉感受器，即辣椒素受体（TRPV1），在吃辣椒的时候，人会产生强烈的疼痛感。这种痛觉感受器遍布全身，在控制横膈膜的神经组织中也有，这可能就是为什么吃辣椒会引发横膈膜不自主地收缩，从而引起打嗝。有益的一面是，辣椒素能刺激食欲。它们还能增加唾液和胃液的分泌，从而有助于食物的消化。

吃辣椒感到疼痛后，人的本能反应是去倒一杯水。然而，辣椒素不溶于水，喝了水也不会减轻疼痛感。建议你喝一点乳制品，比如一杯牛奶或一勺酸奶。这些奶制品中的脂肪可以溶解辣椒素，所以它们有缓解、中和辣味的作用。

> 吃辣椒感到疼痛后，人的本能反应是去倒一杯水。然而，辣椒素不溶于水，喝了水也不会减轻疼痛感。

辣椒素具有强大的作用，除了烹饪以外，还有其他的用途。辣椒素是辣椒喷雾剂中的有效成分，当眼睛接触到喷雾剂时，会导致疼痛、流泪和暂时失明。警察在试图控制人群时会使用辣椒喷雾剂作为一种威慑性武器。在农业上，辣椒喷雾剂被当作生化农药来使用，用于驱赶和杀死昆虫。科学家们也在探索辣椒素的潜力，想利用它们和我们哺乳动物的敏感性来帮助止痛。研究表明，反复接触辣椒素可以降低辣椒素受体的敏感度，减弱疼痛感，因为痛觉感受器会变得疲惫不堪，无法传递疼痛的信息。

美国新墨西哥州立大学的辣椒研究所正在研究辣椒引起的复杂灼烧感。保罗·博斯兰（Paul Bosland）博士是该大学的园艺学董事教授，他描述了吃辣椒后的灼热感，以精确跟踪食用某种辣椒时的灼热感发展情况。灼热感有五个阶段：

1. 形成（多快能感受到灼热感？）
2. 持续（灼热感持续了多长时间？）
3. 位置（口腔中哪里有灼热的感觉？）
4. 感觉（尖锐，像针刺，还是更大面积的痛感？）
5. 强度（分为温和、中等或强烈）

这种对灼热感的描述让我们了解到吃辣椒的体验可以多么丰富，辣椒

的辣度可以有多高。相当反常的是，人类总体上没有排斥辣椒素引起的感觉，反而从中获得了乐趣，因此辣椒在世界各地取得了广泛的成功。心理学家用"良性自虐"（Benign masochism）的概念来解释这种现象。尽管吃辣椒会令人感到疼痛，但它几乎不会对身体造成伤害，而且，疼痛也会逐渐减轻。因此，就像人们选择乘坐游乐园的惊险游乐设施来寻求刺激一样，我们也喜欢吃辣椒给我们的味蕾带来的暂时性"危险"。有一个理论解释了人类为什么会对辣椒着迷，这个理论认为，当吃辣椒引起疼痛时，人体会释放内啡肽。内啡肽是一种神经递质，人体释放的内啡肽可以止痛，并创造幸福的感觉；因此，接触辣椒后释放的内啡肽会让人感到幸福。

斯高威尔指数

辣椒的辣度通常用斯高威尔辣度单位（Scoville Heat Units，SHU）来测量。这种测量辣椒辣度的指数是以美国药剂师威尔伯·斯高威尔（Wilbur Scoville）的名字命名的。1912年，他设计了斯高威尔感官测试法，用于测量辣椒的辣度，同时他试图配制出一种能产生热辣感觉的药膏。在最初的试验中，斯高威尔将若干质量的干辣椒溶于酒精中，以提取辣椒素（辣椒中会产生热辣感觉的成分）。接着，他将溶液倒入糖水溶液中稀释，然后，请五个人的品尝小组品尝稀释后的辣椒溶液，直到小组中的大多数人尝不出辣味。根据稀释的倍数，用斯高威尔辣度单位来表示辣度水平。斯高威尔感官测试的缺点是，它依赖品尝者评估辣度水平。由于需要反复品尝，品尝者的味觉会疲劳，对辣椒素的敏感度会下降，加上个体反应的主观性，最终会产生非常不一致的结果。

如今，实验室不再依靠人类的味觉来评估辣椒的辣度。取而代之的是一种被称为高效液相层析的分析化学技术，被用来检测辣椒中产生热辣感觉的辣椒素的确切含量。这种技术根据辣椒素产生热辣感觉的能力来确定它的分量，结果是用美国香料贸易协会（ASTA）的辛辣单位表示的。要用斯高威尔辣度单位表示，只需要用ASTA辣度单位的数值乘以15，所以斯高威尔的测量辣椒辣度的历史方法至今仍在使用。举个例子，胡椒（属于辣椒科）的斯高威尔指数为零，因为它不含辣椒素。墨西哥辣椒的辣度在3500 SHU至10000 SHU之间。更辣的哈瓦那辣椒的辣度在10万SHU至35万SHU之间。

能够用斯高威尔辣度指数测量辣椒辣度推动了竞争激烈的辣椒辣度文化的兴起，辣椒的辣度，而不是味道，受到了人们的推崇。世界上最辣的辣椒被授予吉尼斯世界纪录，这促使世界各地的辣椒种植者以打破吉尼斯世界纪录为目标，因为打破纪录后可以获得名声和经济回报。因此，近年来"超级辣的"辣椒开始流行。从1994年到2006年，最辣辣椒的吉尼斯世界纪录保持者是哈瓦那红辣椒，其辣度为57.7万SHU。2007年，断魂椒（Bhut Jolokia）的辣度测量值超过100万SHU，打破了世界纪录。然而，在2011年，它的地位先被特立尼达蝎子"壮汉T"辣椒（Trinidad Scorpion 'Butch T' pepper）取代，其辣度为146.37万SHU，然后被特立尼达毒蝎辣椒（Trinidad Moruga Scorpion）取代，其辣度为200万SHU。目前的吉尼斯世界纪录保持者是卡罗来纳死神辣椒（Carolina Reaper，最初的名字是HP22B，没有现在的名字那么生动），它是由南卡罗来纳州的一位商业辣椒种植者种植的，他的名字叫"辣到冒烟的"埃德·柯里（'Smokin' Ed Currie），来自普克特辣椒公司（Puckerbutt Pepper Company）。柯里花10年的时间培育出了死神辣椒，他将甜哈瓦那辣椒和娜迦毒蛇辣椒进行杂交，然后让其顺利生长，并进行测试，以确保它的辣度。卡罗来纳死神辣椒是一种外形扭曲、表面有许多小突起的红色辣椒，有着独特的尖细末端，一个死神辣椒的最高辣度能达到220万SHU，一批死神辣椒的平均辣度为156.93万SHU。如今，快速食用这些辣得要命的辣椒可以申请吉尼斯世界纪录。2016年，美国人韦恩·阿尔杰尼奥（Wayne Algenio）在不到60秒的时间里吃下了22个卡罗来纳死神辣椒，从而创造了世界纪录。

享受辣味的一种流行方式是食用辣椒酱。辣椒酱的做法各不相同，但辣椒始终是关键的配料，一般是将辣椒与水、醋、糖、大蒜、香料和香草混合制成。随后，人们会把这种浓稠的酱汁装入瓶中，然后把这种辛辣的调味品添加到菜肴中。1807年，马萨诸塞州出现了美国第一个瓶装辣酱的广告，广告宣传的是一种辣椒酱。如今，美国的辣椒酱品牌有成百上千个，而

> 能够用斯高威尔辣度指数测量辣椒辣度推动了竞争激烈的辣椒辣度文化的兴起，辣椒的辣度，而不是味道，受到了人们的推崇。

辣椒参巴酱

6人份，作为调味品
准备10分钟
烹饪2—3分钟

在马来西亚和新加坡，辣椒参巴酱是一种必不可少的调味品，可以让许多菜肴拥有令人神清气爽的辣味口感。这个食谱使用了另一种经典的东南亚配料，即发酵虾酱（Blachan），它将其特有的咸味赋予了辣椒参巴酱。发酵虾酱可以在网上购买，也可以在专门的亚洲食品店里购买。发酵虾酱被保存在密封的容器里，放在阴凉、避光的地方，可以保存很长时间。用新鲜的辣椒做辣椒参巴酱又快又容易，而且非常好吃。

6个新鲜的红辣椒
1茶匙发酵虾酱
2茶匙酸橙汁或柠檬汁

1   把辣椒蒂去掉。如果你想降低辣椒的辣度，可以用锋利的刀把辣椒切开，然后小心地去掉辣椒籽和辣椒膜。把辣椒切成小片。

2   用锡纸把发酵虾酱包起来，以免烧焦。把发酵虾酱放入一个小的、干的煎锅里，用小火煎2—3分钟，时不时地翻面，充分加热，激发出它的味道。

3   把辣椒和发酵虾酱放入一个小的食品料理机中，打碎，搅拌均匀。加入酸橙汁或柠檬汁。

另一种方法：如果你想用传统的方法制作辣椒参巴酱，要用到杵和臼，那么把切碎的辣椒放入臼中捣成糊状，加入一小撮盐。加入烤过的发酵虾酱，捣至混合均匀。再加入酸橙汁或柠檬汁，搅拌均匀。

且市场还在不断扩大。塔巴斯科是一个著名的历史悠久的辣酱品牌，1868年由埃德蒙·麦基尔亨尼（Edmund McIlhenny）创立。塔巴斯科辣椒酱由塔巴斯科辣椒制成，这种辣椒最初生长在路易斯安那州的埃弗里岛（Avery Island）上，传统上，调酒师在调制血腥玛丽鸡尾酒时，会加入少量的塔巴斯科酱，使其口感更具有活力。最近有一种辣酱很受欢迎，那就是"是拉差辣椒酱"，它是在一种传统的泰国酱汁的基础上制成的。从面条、寿司到热狗和爆米花，是拉差辣椒酱可以为各种食物增添活力。辣椒的狂热爱好者会购买用超级辣的辣椒制成的辣酱，比如卡罗来纳死神辣椒酱和特立尼达蝎子辣椒酱。

处理辣椒

处理辣椒时，无论是新鲜的还是干的，都应该谨慎对待。如前所述，辣椒中的辣椒素会让人的眼睛和嘴巴等敏感部位产生痛觉。处理或剁碎辣椒后，建议用热肥皂水彻底清洗双手、菜刀和砧板，以去除大部分辣椒素。否则，如果不慎接触，比如接触到眼睛，可能会让你觉得很痛苦。经常与辣椒打交道的人可以采取切实可行的预防措施，比如戴乳胶手套和护目镜。

除了一些超级辣的品种，大多数辣椒的辣椒素包含在长有种子的胎座中。含有辣椒的菜谱通常会要求去掉辣椒籽，这样可以降低菜肴的辣度。用一把小而锋利的刀切开辣椒，小心地挖掉里面的籽，还有（很重要的）附着籽的薄膜。去掉辣椒的这些部分可以降低辣味，这是一种既让菜肴拥有辣味，又不致过于强烈的有效方法。

用辣椒做菜时，另一种降低辣味的方法是往菜里放入整个辣椒，而不是切碎，这样可以最大限度地发挥辣椒素的效用。例如，在加勒比地区的食谱中，制作像卡拉罗（Callaloo）之类的汤羹需要加入一整根苏格兰圆帽辣椒，用文火炖，然后把辣椒去掉。这种做法使汤羹增加了辣椒的香味，也有了一些辣味，但不会过于强烈，以至于压过整道菜的味道。

> 处理辣椒时，无论是新鲜的还是干的，都应该谨慎对待。如前所述，辣椒中的辣椒素会让人的眼睛和嘴巴等敏感部位产生痛觉。

辣椒的多样性

辣椒的种类大约有30种，而被驯化的种类只有5种：五色椒、浆果状辣椒、黄灯笼辣椒、灌木状辣椒和绒毛辣椒。人类用这五个品种栽培出了许多变种。如今，辣椒的品种成千上万，新品种在不断出现。在这些品种中，你会发现从口感温和的到火辣的，从小的到大的，红的、绿的、紫的、黄的，以及各种形状的辣椒都有。值得记住的是，辣椒的辣度与大小无关，一个小辣椒可能拥有非常刺激的辣味。辣度取决于品种、收获时辣椒果实的成熟度以及种植方法。

辣椒是种植最广泛的驯化品种。辣椒的种类繁多，形状、大小和颜色各不相同。此外，不同品种所含的辣椒素也各不相同，有的不含辣椒素，有的含量很高。温和辣椒是辣椒的一个栽培变种。它是一个生命力很强的品种，在各种各样的气候和环境里都有生长。人们用辣椒栽培出了许多受欢迎的品种，包括墨西哥辣椒（Jalapeño）、卡宴辣椒（Cayenne）、波布拉诺辣椒（Poblano）和克什米尔辣椒（Kashmir）。

韩国辣酱炒茄子

4人份
准备10分钟
烹饪15分钟

　　韩国辣酱是一种辣味的黄豆酱，是韩国厨房里必不可少的调味料，能给许多菜肴增添鲜味和香醇的辣味。在这道简单的炒菜中，辣酱是用来给茄子上色的。可以简单地配着米饭一起食用，也可以作为蔬菜配菜食用。

2汤匙葵花籽油或植物油
1瓣大蒜，去皮，切碎
2.5厘米姜块，去皮，切碎
2个茄子，切成小方块
1汤匙米酒（可选）
1大汤匙韩国辣酱
2汤匙酱油
1茶匙砂糖
1根葱，切碎
1汤匙芝麻

1　往炒锅或大平底锅里倒入一些油，大火加热。放入大蒜和生姜炒香。

2　放入茄子，翻炒一下，让茄子块表面裹上油，继续翻炒5分钟。如果用的话，加入米酒，边搅拌边煮2分钟，直到酒基本上煮干。

3　加入韩国辣酱、酱油和糖，搅拌一下，使茄子表面均匀覆盖上酱汁。炒5分钟，直到茄子变软，上色。撒上葱花和芝麻，立即上桌。

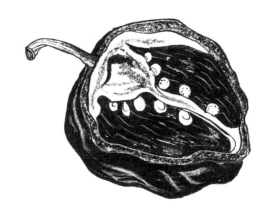

七种食材的奇妙旅行

浆果状辣椒的名字来自拉丁词"baca"，意思是浆果。它的一些变种确实有小小的、圆形的果实，很像浆果。这个品种生长在赤道附近，在南美洲国家生长得特别好，包括玻利维亚、智利、厄瓜多尔和秘鲁。事实上，它的栽培变种，如亮黄色的秘鲁黄辣椒（*Aji amarillo*）是秘鲁美食的核心，为诸如酸橘汁腌鱼等菜肴增添了独特的风味。黄灯笼辣椒因其芬芳的香气、复杂的味道和强烈的辣味而闻名。许多超级辣的辣椒，比如多塞特纳加辣椒（Dorset Naga）、断魂椒和卡罗来纳死神辣椒都属于这个品种。其中，辣味没那么猛烈的品种包括杏辣椒（Apricot），一种温和、可口的哈瓦那辣椒，和"调味辣椒"贝拉弗玛辣椒（Bellaforma）。

灌木状辣椒是一个栽培变种较少的品种。从植物学角度来说，它被认为是五个品种中最无趣的一种，因为它缺乏多样性。它的所有变种结出的都是类似的小红辣椒，虽然味道很辣，但不像其他品种那样极具风味。然而，属于这一品种的塔巴斯科辣椒在北美非常有名，因为受欢迎的塔巴斯科辣酱就是用这种辣椒制作而成的。据说，这种辣椒起源于墨西哥，以墨西哥的塔巴斯科州命名。在泰国，细小的鸟眼椒（灌木状辣椒的一个变种）被广泛用于烹饪，以沙拉调味汁和调味品的形式为菜肴增添了火辣的味道。在非洲，霹雳椒（Piri-piri chilli）因其热辣的味道而备受喜爱，它也是灌木状辣椒的一个变种。

绒毛辣椒在安第斯山脉很常见，它生长在高山峡谷中，但在更广阔的世界里它却鲜为人知。这种辣椒的显著特征是叶子上有绒毛，果实中含有黑色或紫色的籽。它的变种有罗可拓辣椒，原产于安第斯山脉。它的形状是圆形，拥有厚实多肉的外皮，人们会吃新鲜的，而不是干的罗可拓辣椒，通常会往辣椒里塞满肉或奶酪。

虽然人们对辣椒的印象大多比较普通，但某些品种因为其特性而备受重视。例如，在加勒比地区，苏格兰圆帽辣椒因其果香而备受推崇，被用于制作辣椒酱和风味烤鸡腌肉。新墨西哥州的哈奇谷（Hatch Valley）生长着一种又长又大的绿色辣椒，名叫哈奇辣椒（新墨西哥辣椒）。这种辣椒在美国西南部受到狂热追捧，人们通常会通过烘烤来发挥其风味。

烹饪辣椒

辣椒种类繁多，不同的辣椒辣度、大小、口味都不同。烹饪时可以使用不同成熟度的辣椒，而且重要的是，无论是新鲜的还是干的，都可以使用，这种特点使辣椒成为一种真正万能的烹饪调味品。辣椒的调味能力是它出现在厨房里的另一个原因。一两根辣椒或一茶匙辣椒粉就能改变一道菜的味道。辣椒是一种方便的配料，容易保存，而且干辣椒是一种价格实惠、调味能力又很好的香料。令人印象深刻的是，辣椒在世界各地不同菜系中都扮演着非常重要的角色，各个菜系对辣椒都有创造性运用。

> 辣椒是一种方便的配料，容易保存，而且干辣椒是一种价格实惠、调味能力又很好的香料。令人印象深刻的是，辣椒在世界各地不同菜系中都扮演着非常重要的角色。

在使用辣椒方面非常著名的是印度菜——事实上，大量使用辣椒（新鲜的、干的和磨碎的）是印度菜的特色。印度是一个著名的辣椒生产国、消费国和出口国。几个世纪以来，这个国家一直对辣椒充满热情。在阿育吠陀传统中，辣椒因其消化特性而受到重视，并被视为一种可以刺激食欲的食物。

一般来说，印度菜会使用富含维生素C的新鲜绿辣椒和干的红辣椒。开胃菜会使用新鲜的绿辣椒，比如印度芫荽酱（Coriander chutney）和爽口脆嫩的百蔬沙拉（Kachumber salads）。咖喱中也会用到新鲜的辣椒，印度厨师会把辣椒整个放入、切开放入（以增加辣味），或者切碎放入［就像印度式烩羊肉土豆（Aloo gosht）那样］，以控制菜肴的辣度。

印度尼西亚、马来西亚和泰国广泛使用新鲜的辣椒和干辣椒。在马来西亚和印度尼西亚，辣椒参巴酱（见第117页，由辣椒制成的酱）被广泛用于给菜肴调味。辣椒参巴酱有很多做法。经典的做法是把捣碎的新鲜红辣椒、发酵虾酱、酸橙汁或碎酸橙叶和一小撮盐混合，作为调味品食用。还有用参巴酱炒的菜，把生明虾、鱼片这样的食材或空心菜这样的蔬菜和辣椒酱（通常由新鲜和干燥的红辣椒制成）混合翻炒。在泰国，新鲜的绿辣椒在该国最著名的菜肴之一——泰国绿咖喱中起着核心作用。制作时，先把新鲜的绿辣椒和香茅、泰国柠檬皮等香料做成酱，

然后油炸，用来给椰奶咖喱调味。这种咖喱呈绿色，同时也带有明显的辣味。在泰国，干的红辣椒需要去籽，和高良姜、香茅、红葱、大蒜和干虾酱等芳香调味料一起浸泡，捣成糊状。然后把酱料放入椰子奶油中炒出香味，再和禽肉、牛肉或大虾一起做成红咖喱。

把辣椒晒干一直是一种延长辣椒保存时间的简单、实用的方法，晒干后的辣椒可以保存好几个月。墨西哥菜的特点是大量、复杂地使用各种干辣椒。干辣椒是一种非常重要的配料，以至于它们拥有专属的名字（和新鲜状态时的名字不同）。安祖辣椒是干的波布拉诺辣椒，呈暗红棕色，具有独特的烟熏、泥土、葡萄干的味道。在墨西哥和中美洲，这是一种特别珍贵的干辣椒，有多种用途。浸泡后，辣椒会变成深红色，为菜肴增添色彩和风味。人们会往浸泡、软化过的安祖辣椒里塞入西班牙辣香肠和土豆等食材，然后进行烘烤。把安祖辣椒进行烘烤，然后浸泡在水里，再磨成糊状，就变成了著名的墨西哥巧克力辣酱的复杂调味料的一个组成部分，墨西哥巧克力辣酱是庆祝时会制作的一道菜肴。墨西哥烟椒是用熏干的墨西哥辣椒制成的，有烟熏的味道。人们通常会烘烤、浸泡或炖煮这种辣椒，使它变成辣酱，用来给汤和阿多博酱（Adobo sauce）调味。瓜希柳辣椒就是干的米拉索尔辣椒（Mirasol pepper），用于炖菜和制作香料，可以给食物增加一种浓烈的风味。

在韩国，干红辣椒（Gochugaru，粗磨成片状或细磨成粉状）是一种非常重要的配料。如今，片状干辣椒是韩国著名的传统菜肴泡菜（指一系列发酵的蔬菜）的主要调味料，人们很喜欢往泡菜中加入干辣椒。泡菜本身是一种古老的食物，在韩国有悠久的制作历史。有文字记载，3世纪时韩国人就在制作发酵食品了。开始用辣椒给泡菜调味的时间要晚得多（最早的记录是在1614年），但如今韩国人认为辣椒是必不可少的，可以给泡菜增加鲜艳的颜色和辣味。粉末状的干红辣椒被用来制作韩国辣酱（见第120页），这是韩国的一种重要的调味品。韩国辣酱由发酵黄豆酱、辣椒粉和糯米粉混合制成，鲜味浓郁，呈糊状，辣度各不相同。韩国辣酱可以作为

墨西哥菜的特点是大量、复杂地使用各种干辣椒。干辣椒是一种非常重要的配料，以至于它们拥有专属的名字（和新鲜状态时的名字不同）。

苏胡克辣酱

制作280克
准备10分钟

这道菜起源于也门，那里的人高度重视辣椒的保健功效。如今，苏胡克辣酱是中东各地很受欢迎的一种辣椒调味料。各种各样的菜肴都会配上苏胡克辣酱，比如鹰嘴豆芝麻沙拉、炸豆丸子、油炸茄子和羊肉沙威玛。这种酱做起来又快又容易，而且辣椒的量可以根据口味作调整。

6—10个新鲜青辣椒，去梗，切碎
3瓣大蒜，去皮，切碎
150克切碎的新鲜香菜
1茶匙盐
少量白砂糖
2茶匙孜然粉
125毫升植物油

1   把青辣椒、大蒜、香菜、盐、糖和孜然粉放入食品料理机，打成顺滑的糊状。

2   加入油，搅拌均匀。

3   盖上盖子冷藏，晚些上桌。

辣 椒

牙买加烤鸡

4人份
准备10分钟，腌制3小时到一整夜
烹饪40分钟

8个带皮鸡腿
2根葱，切碎
2瓣大蒜，去皮
2.5厘米姜块，去皮，切碎
1根红苏格兰圆帽辣椒，去籽，切碎
1个酸橙，榨汁
1茶匙盐
2汤匙新鲜百里香叶或1汤匙干百里香叶
1茶匙多香果粉
1汤匙现磨黑胡椒粉

在牙买加，烤肉是一道深受欢迎的国菜，是用辛辣的腌料腌制的猪肉或鸡肉制成的。苏格兰圆帽辣椒（一种黄灯笼辣椒）是腌泡汁中的一种关键调味料。这种辣椒备受喜爱不仅是因为它具有令人难以抗拒的辣味，还因为它拥有独特的芳香和果香。在过去，牙买加烤鸡是在木炭上烹饪的，这样会增加烟熏的味道。传统上，牙买加烤鸡是配着大米和豌豆一起食用的。大米和豌豆是另一种牙买加经典食品，制作方法是把大米和豌豆放入椰奶中炖煮，这是搭配辣烤鸡的绝佳选择。

1 把葱、大蒜、生姜、苏格兰圆帽辣椒、酸橙汁、盐、百里香叶、多香果和黑胡椒放入食品料理机，打成糊状，制成烤鸡腌泡汁。

2 在鸡腿上斜切一刀，帮助腌泡汁渗进鸡肉。

3 把腌泡汁涂在鸡腿上，揉进肉里。盖上盖子，放到冰箱冷藏室里腌制至少3小时，最好过一夜。

4 预热烤箱至200℃。把鸡腿放在烤盘里，烤40分钟，中途翻个面，直到鸡腿烤透，表皮酥脆，呈金黄色。

石锅拌饭（见160页）的调味料，可以作为包饭酱（Ssamjang）等蘸酱，以及腌泡汁的一种配料，可以加入汤和炖菜中增加菜肴的辣味。

中国有一个地方因为喜欢吃辣而特别出名，那就是中国西南部的四川省。川菜因其美味而受到全中国的推崇，川菜的特点是使用花椒和干辣椒，为各种菜肴增添了红宝石般的浓郁色彩和辣味。晒干的四川辣椒有朝天椒和七星椒。炒菜中会使用这些辣椒，比如麻辣黄瓜，一开始会把干辣椒和花椒放到油里爆香。重庆有一道特色菜，辣子鸡，是用腌好的鸡块和大量去籽的干辣椒一起炒制而成。在四川，粗磨的辣椒粉也很重要。辣椒粉被用来制作辣椒油，辣椒油是一种重要的配料，可以给棒棒鸡等凉菜调味，也可以用来烹饪和制作蘸酱。辣椒豆瓣酱是用细长、口感温和的"二荆条"辣椒和蚕豆制成，是川菜的另一种主要调味料。豆瓣酱是郫县（今成都郫都区）的特产。据说，这种酱是一位姓陈的旅行者于17世纪偶然发现的。当时他的食物仅剩几颗蚕豆，又被雨淋湿发霉了，但是他没有扔掉，而是配着新鲜的辣椒一起吃了下去。他觉得味道太好了，于是他开始制作辣椒豆瓣酱。1804年，他的后代开了一家作坊，更大规模地生产辣椒豆瓣酱。辣椒豆瓣酱为豆瓣鱼等经典川菜增添了独特的浓郁味道。

在印度，完整的干辣椒通常用塔卡（Tarka）法烹饪：在酥油或油中短暂煎炸，以激发出辣味，拥有辣味的油可以用于煎炸食材，也可以浇在印度扁豆等菜肴上，以增加辣味。干红克什米尔辣椒因为其鲜红的颜色和温和的辣味而受到重视，咖喱菜肴（见第111页）中会大量使用这种辣椒，比如咖喱番茄炖羊肉（Rogan josh）。葡萄牙菜对印度的咖喱菜肴有影响，一个例子是果阿的文达卢咖喱猪肉。这道菜以腌制的葡萄牙肉类菜肴醋蒜炖肉为基础，用醋和大量干红辣椒烹饪而成。在英国的印度餐馆里，文达卢成了非常辣的咖喱的通称，食客可以用它来测试自己承受辣味的能力。

欧洲菜也会使用干辣椒。在意大利南部，人们会把意大利干辣椒和橄榄油、大蒜一起炒，然后和意大利面一起拌着吃，虽然简单，但美味可口（见第112页）。西班牙烹饪中会用一种名叫诺拉（Nora）的口感温和的干辣椒来给洋葱番茄辣酱调味，这种酱的主要原材料之一是坚果，可以用来搭配鱼、肉或蔬菜。

辣椒在全世界最广泛的使用形式是辣椒粉。无论单独使用，还是

冬阴功汤

4人份
准备15分钟
烹饪25分钟

辣椒在泰国菜肴中起着重要的作用，从调味品到咖喱菜肴，都会用辣椒来增加热辣的风味。泰国人会往经典的泰国明虾汤里加入最喜欢的鸟眼椒，整只放入慢炖，不切碎，可以给汤增添诱人的辣味。酸橙叶可以给汤增加独特的柑橘味，咸的鱼露让汤拥有正宗的泰国味道。可以把这道菜作为一顿泰国餐的第一道菜，也可以单独作为简餐食用。

12只生明虾
2根香茅茎
1汤匙植物油
1升鸡肉或明虾高汤
4片酸橙叶
3根红色鸟眼椒或小红辣椒
盐
2—3汤匙鱼露
半个酸橙，榨汁
一把新鲜的香菜叶子，用来装饰

1 虾去壳、去虾线，留下尾巴尖。剥去香茅茎的硬外壳。将每根茎的下部球根状的白色部分切成薄片。

2 往一个炖锅里加入一些油，烧热。加入香茅，翻炒1分钟，直到香味溢出。加入高汤、酸橙叶和完整的红辣椒，用盐调味。烧开。加入鱼露和酸橙汁，小火炖煮20分钟。

3 加入明虾，小火炖2分钟左右，直到虾变成粉红色，不再透明。用香菜叶装饰一下，立即上桌。

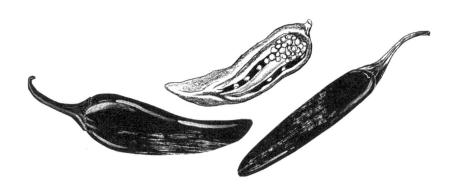

七种食材的奇妙旅行

与其他香料混合，比如咖喱粉和辣椒粉都能有效地产生辣味。埃塞俄比亚有一种名叫柏柏尔（Berbere）的香料酱，由多种香料、辣椒粉、洋葱、大蒜和姜制成，是该国特色炖菜辣椒炖肉的重要原材料。辣椒粉是北美的辣椒番茄炖肉的主要原材料，这是一道丰盛的慢炖菜，通过往辣味酱汁里加入肉，慢慢炖制而成。这道受欢迎的菜起源于美国西南部，与当地的墨西哥社区有关。辣椒番茄炖肉是一种很受欢迎的

辣椒粉是北美的辣椒番茄炖肉的主要原材料，这是一道丰盛的慢炖菜，通过往辣味酱汁里加入肉，慢慢炖制而成。这道受欢迎的菜起源于美国西南部。

边境食品，牛仔和士兵都爱吃，而且一直与得克萨斯州有关联。到了19世纪后期，圣安东尼奥市以"辣椒女王"而闻名，墨西哥妇女们在这里摆摊出售这种辛辣的肉食。1895年到访过这座城市的美国作家斯蒂芬·克莱恩（Stephen Crane）描述到：在其中一个广场上，"墨西哥摊贩在露天摊位上出售的食物尝起来就像来自冥界的捣碎的火砖——墨西哥辣味肉豆、玉米面包卷辣味肉饼、卷肉玉米面饼、墨西哥绿咖喱、墨西哥黑豆汤"。辣椒番茄炖肉在得克萨斯州的历史上扮演了非常重要

的角色，1977年，这道菜被宣布为该州的州菜。然而，辣椒番茄炖肉并不仅仅是在得克萨斯州受欢迎。20世纪，它在全美国都很受欢迎，以至于在各地都能找到价格实惠的辣椒番茄炖肉店。这道菜在不同的地区有不同的变化：得克萨斯州的"红碗"通常不放豆子；辛辛那提的辣椒番茄炖肉以意大利面、辣椒、洋葱、豆子和奶酪为特色；斯普林菲尔德的辣椒番茄炖肉由牛肉和火鸡制成，有些人制作这道菜时会放上牡蛎饼干；路易斯安那州的法国后裔在制作辣椒番茄炖肉时会用辣椒酱进行装饰。

匈牙利红辣椒粉是一种磨碎的辣椒粉末，用又大又甜的红辣椒制成，是匈牙利菜肴的重要香料，为匈牙利红烩牛肉等经典菜肴增添了风味和橙红的色彩。在匈牙利，红辣椒粉拥有不同的辣度，从甜而温和到最常用的微辣，再到最辣。西班牙有西班牙红辣椒粉，是匈牙利红辣椒粉的一种。和匈牙利红辣椒粉一样，西班牙红辣椒粉也有不同的辣度，从香甜到苦甜再到很辣。埃斯特雷马杜拉（Extremadura）的拉贝拉谷（La Vera valley）出产一种名为拉贝拉红辣椒粉的地方特产。制作这种辣椒时要用橡木烟熏制数日，然后磨细。这种辣椒粉末有一种烟熏味，被用来给深受人们喜爱的西班牙辣香肠调味。辣椒能以多种形式巧妙地融入美食，令人印象深刻。

香辣脆皮牛肉

4人份

准备20分钟

烹饪15分钟

香辣脆皮牛肉是中餐馆的最爱。它将诱人的脆皮牛排条和甜辣酱结合在了一起。这道菜很容易制作，值得一试。配上米饭和焯过的蔬菜，如小白菜、芥蓝或菠菜一起享用。

450克沙朗牛排，切成短的细条

3汤匙玉米淀粉

盐

适量油，用于油炸

少许五香粉

1瓣大蒜，去皮切碎

4根干的红辣椒（最好是四川辣椒）

4根葱，切成2.5厘米的小段，把葱白和青葱分开

1汤匙黄酒

2汤匙酱油

1汤匙米醋

3汤匙甜辣椒酱

1根新鲜的红辣椒，去籽，切成薄片

1　把牛排条放入玉米淀粉中，搅拌，直到牛排条表面均匀裹上玉米淀粉。

2　往炒锅里倒入油。把油加热到175℃。分两批放入牛排条，每批炸5分钟，直到表面变黄变脆。用漏勺捞出，用厨房纸巾吸干油分。用盐和少许五香粉调味。

3　小心地倒出锅里的热油，在锅里留大约一汤匙油。

4　再次把油烧热。加入大蒜、干辣椒和葱白。炒1分钟至散发出香味。加入米酒，煎一小会儿。加入酱油、醋和辣椒酱，炒匀。把牛肉条放回锅里翻炒，裹上酱料，炒2分钟。撒上青葱和红辣椒片，马上上桌。

辣 椒

大 米

　　大米是我们的主要粮食之一，养活了世界上一半以上的人。它是超过35亿人的主食和重要的卡路里来源。水稻从几千年前的野生品种驯化而来，现在世界上除南极洲以外的各大洲都种植水稻。在亚洲，水稻在历史上发挥了特别重要的作用，其劳动密集型的种植方式对社会具有塑造作用。

　　水稻是我们的主要粮食作物之一，是一种谷类植物。它所在的属包含有20个野生品种和2个栽培品种（亚洲水稻和非洲水稻）。我们吃的大米就是这两种从野生品种进化而来的栽培品种的胚乳。水稻的起源地不详。有一种理论认为，这些不同的品种有一个共同的远古祖先，在大约2亿年前，泛古陆（Pangea）分裂成不同的大陆之前，这个祖先就生长在那里。在中国长江附近的上山遗址发现的一些考古证据表明，这些史前村庄的居民当年种植过半野生水稻，这些早期的耕种迹象可以追溯到大约9400年前。人们认为，无论是在非洲，还是在亚洲，史前人类都以狩猎采集者的方式生活，他们采集并食用野生米粒。经过了数千年，野生品种逐渐进化为这两个栽培品种。栽培稻与野生稻的一个区别是，野生稻的谷穗是裂开的，为的是播下种子，而栽培稻则保留了它的种子，使人们更容易收获大米。

　　在这两个栽培品种中，亚洲水稻和它的亚种已经传播到世界各地。传播它的主要是人类，人们携带着小而轻的谷物作为食物来源或用于贸易。水稻从中国传入日本、韩国和东南亚国家。据说，水稻在公元前1000年左右从印度传入中东，然后从中东传入欧洲，阿拉伯人把水

稻带到了西班牙。西班牙语中表示大米的单词"Arroz"来源于阿拉伯语中的"roz"。据说，葡萄牙人和西班牙人通过他们的殖民地和贸易路线，把水稻传入了加勒比和中南美洲地区。16世纪，可能是葡萄牙人把亚洲水稻传入了非洲，由于产量较高，亚洲水稻在很大程度上取代了当地的非洲水稻。

17世纪，水稻被传入北美（见"卡罗来纳黄金大米"，第147页），最初被种植在南卡罗来纳州的沼泽低地。美国开国元勋之一的托马斯·杰斐逊认为新成立的共和国应该是一个农业社会，他对水稻种植的潜力感到兴奋。在1787年担任法国公使期间，他将意大利大米从欧洲偷带到美国。杰斐逊对意大利大米感兴趣的原因是，这种谷物可以在干燥的高地上生长，他有一个值得赞美的目标，那就是"每年拯救成千上万人的生命和健康"。在南卡罗来纳州，因为在潮湿条件下种植水稻，每年有许多人患上疟疾，有一些人还因此失去了生命。从商业角度来看，陆稻比不上美国种植的"湿稻"。然而，杰斐逊为自己引入了陆稻而感到自豪。他在记录自己在公共服务方面所取得的成就时，在《独立宣言》旁边写上了鼓励种植"陆稻"，他写道："对任何国家来说，最伟大的贡献就是在其文化中增添一种有用的庄稼。"

随着水稻在世界各地的传播，人们培育出了不同的品种，使之成为一种能在各种气候和环境下成功生长的多用途作物。在浅水和缓慢流动的水中种植的水稻产量更高。许多社会开发了水稻灌溉系统，这需要高效的社会合作系统和勤奋的劳作（见第141页"中国的水稻"和第142页"巴厘岛的水稻"）。作为主食，大米在亚洲具有特别重要的地位，亚洲的大米消费将近全球的90%。大米这种谷物长期以来一直是世界许多地区穷人的重要卡路里来源。

> 随着水稻在世界各地的传播，人们培育出了不同的品种，使之成为一种能在各种气候和环境下成功生长的多用途作物。

大米的惊人之处在于，它在那些以大米为主食的国家里发挥了核心作用。在这些国家，大米也是一个重要的文化组成部分，有许多关于大米的神话、民间故事。长久以来，中国一直以种植水稻来养活其庞大的人口，水稻的种植是年复一年的核心任务。一些国家仍然有特殊的节日来庆祝水稻生长的关键阶段，如播种和最重要的收获期。在包括中国的

米兰式烩饭

4 人份
准备 5 分钟
烹饪 30—35 分钟

这是一道经典的意大利烩饭,这道优雅的米兰菜以藏红花为原料,色泽金黄,香味浓郁。传统上,人们会将它与米兰式炖牛胫骨(Ossobuco alla milanese)一起享用,米兰式炖牛胫骨也来自意大利北部的同一地区,当然你也可以单独享用烩饭。

900 毫升优质牛肉汤或鸡汤
半个洋葱,切碎
三又四分之一汤匙黄油
300 克意大利烩饭米
125 毫升干白葡萄酒
0.5 茶匙藏红花丝,磨细
60 克新鲜磨碎的帕玛森奶酪另外准备一些盐和现磨的黑胡椒

1 把高汤倒入一个炖锅里,小火煮沸。

2 在另一个厚底锅里放入 2 汤匙黄油和洋葱,把洋葱炒软。放入米,翻炒 2 分钟,让米粒均匀裹上黄油。

3 加入白葡萄酒,不时搅拌,直至汤汁收干。撒入藏红花粉,搅拌均匀,用盐调味,记住之后要加入咸味的帕玛森奶酪。加入 2 勺微微沸腾的高汤,开中火,一直搅拌,直到汤汁被吸收。

4 重复这个过程,分次加入热高汤,煮 20—25 分钟,直到米饭煮熟,但仍然保持着很好的口感。加入剩下的黄油和帕玛森奶酪。如果需要,可以用盐和现磨黑胡椒调味。即刻上桌。

亚洲部分地区，吃饭时剩下几粒米被认为是不吉利的。大米是丰饶的古老象征，因此，在婚礼上向新娘和新郎扔米的习俗就形成了。

在发展中国家，水稻的种植主要以传统方式进行，在小块土地上耕种，需要投入大量的劳动力。不过，种植水稻的技术也在不断创新。1960年，国际水稻研究所（IRRI）成立，总部设在菲律宾。这一时期的目标之一是通过水稻育种提高水稻产量，因为人们担心依赖水稻的亚洲会由于人口增长而容易发生饥荒。水稻历史上的一个重要时刻发生在1966年，这一年，国际水稻研究所发布了一种新的水稻品种IR8，这是由一种印度尼西亚高秆水稻（Peta）与一种中国矮秆水稻（DGWG）杂交而成的一种水稻。IR8的产量是传统水稻的2—5倍，因此被称为"奇迹水稻"。IR8在热带水稻种植的"绿色革命"中发挥了重要作用，并帮助亚洲躲过饥荒。然而，IR8的批评者指出，种植它不仅需要使用昂贵的化肥，还需要除草剂，这些要求已经产生了社会和环境后果。水稻种植仍然是一个创新领域。例如，在今天的加利福尼亚州，水稻种植正变得越来越复杂，那里会使用全球定位系统或激光制导设备来精确铺平水稻生长的土地，并使用最先进的收割机来收割作物。缺水和干旱是加州农民面临的主要问题。那里的水稻种植采用了传感器网络（测量湿度和温度）、数据分析系统和管理软件等技术，以便在保证产量的同时减少用水量。

亚洲对大米的需求量仍然很大。在许多亚洲国家，大米的年人均消费量超过99千克，这说明它仍然是一种主食。世界上许多其他地方对大米的需求正在增加，包括撒哈拉以南非洲、拉丁美洲和中东地区。由于需求增加，大米价格上涨，对依赖这种主食的低收入群体造成了损害。考虑到大米长期以来作为一种基本粮食的作用以及世界人口的增长，确保大米能够成功和可持续地种植至关重要。可以理解的是，国际水稻研究所和其他组织一直在对这种重要的谷物进行研究。

种植、收获和加工

水稻历来是劳动密集型作物，无论是种植还是收获，都需要投入大量的集体劳作。作为一种半水生植物，它是唯一一种能够承受被水淹没的谷类作物。在生长过程中，这种植物对缺水非常敏感。因此，为了确保这种珍贵的作物获得足够的水分，在许多个世纪之前，人们就开始在淹水的稻田里种植水稻，稻田四周筑有矮土堆可以保持水分。一般来说，稻农希望淹没田地的水保持在5—10厘米深。土地被打造成了梯田和池塘，在其中种植水稻，同时需要有效地组织灌溉和作物种植时间表，这些都需要社会合作。一个著名的水稻梯田的例子是巴纳韦（Banaue）水稻梯田，是在菲律宾吕宋岛（Luzon）的山坡上打造而成的。这些引人注目的梯田是大约2000年前由土著居民创造的，梯田由上方热带雨林中的古老灌溉系统提供水分。灌溉低地水稻是种植水稻的主要方式，世界上大约75%的水稻都是这样种植出来的。这种种植方式不仅限于亚洲。意大利是欧洲的主要水稻生产国。在波河河谷（Po Valley）、伦巴第和皮埃蒙特，稻田里种植着烩饭米（Risotto rice），用的是灌溉法。意大利种植水稻的历史可以追溯到15世纪，当时波河周围肥沃而潮湿的土地为这种作物提供了土壤。19世纪的意大利政治家卡武尔推动了意大利稻田灌溉系统的改善，1866年建造了卡武尔运河，将河流和湖泊的水有效地输送到稻田。用灌溉方式种植的水稻一年可以

收获2—3次，这种种植方式已被证明可以确保营养循环有效，保存有机物质和接收氮。

还有其他种植水稻的方法。例如，在河流三角洲或沿海地区种植，一年中有一段时间这些田地会被雨水淹没。这种水稻种植方式更加危险，因为会受到干旱和洪水等自然事件的影响。另一个问题是高含盐量，这会给水稻造成压力。如今，这种水稻种植方式主要存在于非洲、南亚和东南亚部分地区。被称为"深水水稻"的作物生长在容易遭受严重季风洪水的地区，这些地区的水稻植株能够在超过50厘米深的水里生长。用这种淹水种植方法种出的水稻占世界水稻产量的20%左右，是南亚和东南亚人的重要生存作物，但其产量明显低于灌溉水稻的产量。

也可以在旱地而不是淹水的田地里种植水稻，那就是所谓的"陆稻"。亚洲和非洲会以这种方式种植水稻，这种水稻是贫困农村地区的重要粮食作物。

为了种植水稻，首先要收集或购买水稻的种子。用水牛等役畜或机器犁地，把泥土耙松，为种植做准备。在利用淹水法的种植系统中，土地被夷平以容纳更深的水，这有助于作物管理和提高产量。水稻是通过移植或直接播种种植到准备好的土地上的。在亚洲，移植发芽前的幼苗是最流行的方法。虽然需要投入大量的劳动，但这么做需要的种子更少，杂草也更少。

一旦水稻成熟（大约在种植后105—150天），就需要收割。在亚洲，这项工作仍然主要由人工来完成，收割者会使用镰刀等工具收割水稻。将水稻转化为可食用的食材，过程漫长而艰辛。收割后的稻谷必须脱粒，以便将可食用的谷粒从茎秆上分离出来，这个过程由人力或机器来完成。这种脱粒但未去壳的谷粒被称为"稻谷"。接下来，稻谷必须彻底晒干，通常就是将稻谷平铺在阳光下接受日晒。这是一个重要的阶段，如果处理不当，将影响最终产品的质量和数量。然后，晒干的稻谷就可以去壳了。在这个过程中，谷粒被碾碎，为的是去除它的外壳或外皮（由二氧化硅和木质素构成的坚硬的保护层，人类无法消化），这个过程通常在磨坊里进行。去壳后剩下的谷粒是糙米，可以食用。麸皮层赋予了糙米独特的颜色，这一层不仅含有有用的营养物质，还含有一种

蛋炒饭

4人份

准备15分钟，加上冷却20分钟

烹饪25分钟

这道简单的中式炒饭深受人们喜爱，无论是在家里还是在中餐馆都很受欢迎。这道美食可以配上叉烧（见第26页）、拌上蚝油的白灼小白菜或芥蓝等菜肴，作为一顿中餐享用。

330克茉莉香米

不到450毫升水

盐

2汤匙花生油或葵花籽油

3根葱，切碎，把葱白和青葱分开

85克甜玉米粒，切成1厘米长的小块

50克烤腰果，切碎

50克冷冻豌豆，煮熟

2个鸡蛋，打散

1茶匙芝麻油

1　把茉莉香米洗净，去除多余的淀粉。把米和水倒入一个厚底炖锅里，加一小撮盐。煮开，改小火，盖上锅盖煮15分钟，直到水被吸收，米饭变软。把米饭铺在烤盘上，冷却20分钟。在炒之前用叉子搅动，把米饭弄散。

2　大火把炒锅烧热，加入花生油或葵花籽油。加入葱白，炒1分钟至散发香味。加入甜玉米粒，炒2分钟左右。

3　加入米饭、腰果和豌豆，搅拌均匀。炒4分钟。

4　加入鸡蛋，炒2分钟，让鸡蛋和米饭充分混合。淋上香油，炒1分钟。用葱花装饰，即刻上桌。

大 米

油，这种油会使糙米比白米坏得快得多。在热带地区，短短两周，糙米可能就会变质。因此，通常情况下，糙米会被进一步碾碎，去掉外层的麸皮，然后抛光，得到白米。传统上，这个过程在农村地区是由手工完成的，农民用杵和臼来捣

碎谷粒，去掉谷壳和麸皮。接下来，会用竹制托盘把米粒巧妙地从谷壳中分离出来。碾米机的精细程度差异很大。最基本的是简单的单道碾米机，通常村庄会使用这种碾米机，这种碾米机会造成大量谷粒破碎。另一个极端是商业化的碾米机，旨在减少碾磨过程中给米粒带去的冲击和热量，从而最大限度地减少谷粒破碎，生产出没有外壳和小石子的均匀抛光的完整米粒。在这些商业化的碾米厂，谷粒被磨碎后就进行分级、分离，然后混合，根据等级和国家标准提供不同比例的精米（整粒）和碎粒。接下来，对大米进行喷雾抛光，这一过程会给残留在大米上的灰尘增加一层细水雾，使大米进一步变白。最后，大米被打包出售。

中国的水稻

在中国，水稻在很多方面都很重要：它不仅是供养大多数人口的基本食物，而且融入了中国的传说、历史和文化。在中国神话中，传奇统治者神农传授给他的人民关于农业的知识，以及如何种植五种谷物，其中就包括水稻。大米作为一种受人尊敬的食物，在中国漫长的历史中一直拥有特殊的地位，贵族、社会精英和农村的穷人都会食用大米。周朝青铜器上的铭文表明了大米在中国的历史重要性。

中国在其历史上的大部分时间里主要是一个农业社会，大米是国家生活方式的中心。水稻是劳动密集型作物，为了成功地种植它，需要进行社会合作。在中国，诸如家庭内部的孝道和维持社会秩序的重要性等理想很多都与水稻种植有关；"稻米文化"一词常被用来描述中国传统社会。

大米的汉字是"米"，字的形状代表被叶子分隔开的米粒。煮熟的大米是"米饭"，意思是"可以吃的大米"，让人感觉大米是一种基本的食物来源。在中国文化中，人们也从精神层面欣赏大米。"气"是道家

哲学中的一个重要概念，意思是"生命能量"。"气"的繁体字"氣"还含有米饭的特征，意味着现在"气"的含义是由煮熟的米饭散发出的水蒸气衍生而来的。

大米也是中国传统节日的特色之一，至今人们仍在庆祝收获大米。糯米粉做的年糕是除夕夜人们在餐桌上吃的吉祥食物之一，寓意为来年带来进步。重阳节会吃年糕，腊八节会吃一种特殊的粥，以庆祝佛教创始人乔达摩·悉达多在公元前四五世纪悟道。

巴厘岛的水稻

水稻在印度尼西亚巴厘岛的景观、宗教、社会结构和文化中也扮演着重要的角色。岛上拥有丰富的火山土壤，热带气候会带来大量的降雨，所以这里适合种植水稻，因为水稻生长需要大量的水。在印度尼西亚，和在世界其他地方一样，水稻种植在稻田里，大片的耕地被灌溉系统淹没。"paddy"（稻田）这个词来自马来语中的"padi"，意思是"水稻"。稻田被水淹没，因为种植在这种条件下的半水生水稻产量更高；此外，水还能抑制杂草生长（杂草会与水稻幼苗抢夺土壤中的养分），水也能赶走破坏性动物，比如老鼠。巴厘岛的农民们在平坦的山谷中耕作，也在巴厘岛火山崎岖的山坡上打造出了水稻梯田，梯田是巴厘岛景观的一个地标。这些神圣山脉的水流汇聚而成的河流和小溪被纳入了一个巧妙的灌溉系统，这种重要的资源使巴厘岛人成为印尼群岛上多产的稻农之一。

用这种方式灌溉水稻需要农民们一起工作。为了有效地利用水资源，农民们于商定的不同时间里在一个循环的区域系统中种植水稻。规范稻田水管理的合作社会系统被称为"苏巴克"（Subak），这是巴厘文字，最早出现在1072年的一篇碑文上。巴厘岛大约有1200个集水管理灌溉系统。苏巴克系统蕴含着"Tri Hita Karana"（幸福三要素）的哲学概念，这个词的意思是"幸福的三个原因"。在这种哲学中，我们可以找到以下几个关键概念：

人与神

人与神的和谐关系。

中东豆子饭

6—8人份

准备10分钟，加上腌制20分钟

烹饪70—75分钟

这种由大米和扁豆制作而成的朴实食物在中东很受欢迎。虽然食材简单、家常，但各种食材和调料的深度组合使这道菜的味道很能令人满足。配上卤汁烤羊肉或煎羊排和番茄沙拉，就是一顿美味的大餐。

2个洋葱，1个切成薄片，1个
切碎

盐

200克褐扁豆

植物油，用于油炸

4汤匙橄榄油

200克巴斯马蒂香米

1茶匙多香果粉

1茶匙肉桂粉

0.5茶匙糖

400毫升水

1　往切好的洋葱片上撒上盐，放在一边腌制20分钟。

2　把扁豆放入滤网中清洗干净。把扁豆放入一个炖锅中，加入冷水没过扁豆，煮沸。把火调小，煮20分钟至扁豆变软，沥干。

3　往一个小而深的煎锅或炖锅里倒入植物油，至约1厘米深，加热至很烫。把腌好的洋葱拍干，分批放入热油中炒至变脆，颜色变为深棕色。用厨房纸巾吸干油分。

4　往一个厚底锅里加入橄榄油，加热。倒入切碎的洋葱，炒至变软。加入巴斯马蒂香米拌匀，让米粒裹上油。加入多香果粉、肉桂粉、糖和一小撮盐，搅拌均匀。加入扁豆和水，搅拌。

5　煮沸，盖上盖子，改小火，煮20—25分钟，直到所有的水都被吸收，米饭变软。拌入炸过的洋葱，即可上桌。

大 米

人与自然

人与自然的和谐关系。

人与人

人与人之间的和谐关系；人们应该互相尊重，伤害别人就和伤害自己一样。

巴厘岛的水稻种植方式有着深刻的宗教色彩。大米被视为来自神的礼物，苏巴克系统与岛上的水神庙网络交织在一起。这些水神庙的大小和重要性各不相同，有些标明了泉水（水源）的位置，有些则让水在灌溉土地之前流经寺庙。其中最著名的是塔曼阿尤寺（Pura Taman Ayun），这是一座建于1634年的宏伟的大寺庙，周围有护城河和花园。

巴厘岛是一个印度教占主导地位的岛屿，在当地众神中，巴厘岛的生产女神德威·丝丽（Dewi Sri）是其中之一。德威·丝丽也常被称为"稻米女神"，她的起源有很多传说。她被描绘成一个美丽的年轻女子，被视为那些在稻田工作的人的保护者。巴厘岛的稻田里有供奉她的神龛。祭神是巴厘人日常生活的一部分，也是社会结构的一部分。祭品种类繁多，包括色彩鲜艳、香气扑鼻的鲜花和不同形式的米饭：生的、熟的、黏的、白的、黑的和红的。

苏巴克的宗教、道德和社会层面要求建立和遵循一个复杂的系统。苏巴克系统的成员根据他们的参与程度被分类。这些成员组成小组，负责水稻生产的不同方面：准备土地、组织水处理、监测水和害虫、种植幼苗、除草、收割和运输水稻。这些明确定义的角色使成员能够确保公平分配水资源，使问题能够在整个社区得到讨论和解决。2012年，苏巴克的重要性得到了联合国教科文组织的认可，这一独特的巴厘岛水稻中心系统被授予了世界文化景观遗产的称号。

水稻的种类

水稻作为一种作物获得成功的原因之一是，它有成千上万个栽培变种，能够在各种气候和环境中生长。这些变种是几个世纪以来通过自然和人类选择所创造出来的。由国际水稻研究所维护的国际水稻基因库是世界上最大的水稻遗传多样性数据库，拥有127916种水稻和4647个野生近缘种。这里值得注意的是，通常所说的"野生稻"实际上是属于菰属的禾本科植物，与水稻属不同。

世界各地种植的主要水稻品种是亚洲水稻，亚洲水稻有两个主要的亚种：粳稻和籼稻。前者的颗粒较短，具有黏性，后者的颗粒较长，无黏性。从烹饪的角度来看，根据谷物的形状和淀粉的含量，大米可以分为很多种。淀粉是由直链淀粉和支链淀粉组成的，不同种类的大米中这些成分的含量不同。在烹饪时，这些成分会影响大米的质地。支链淀粉含量高会导致米饭在烹饪时变得黏稠。用于烹饪的大米种类主要有：

长粒米：细粒，富含直链淀粉，煮熟后会分解。巴斯马蒂香米（见第146页）就属于这一类，因为米粒很长而受到重视。

中粒米：较长粒米更短、更粗，直链淀粉较少，煮熟后质地较软。意大利烩饭米和西班牙杂烩饭的米都属于这一类。

短粒米：长比宽略长，由于其支链淀粉的含量较高，所以在烹饪时质地柔软，有轻微的黏性。日本的寿司米就属于这一类。

糯米：一种特殊的短粒大米，支链淀粉含量很高。正如它的名字所暗示的那样，这类米的特点是烹饪后会变得很黏，可以被捏成不同的形状。

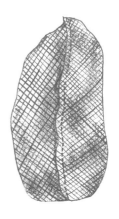

还有天然的有色大米，通常是红色或紫黑色。这是由于麸皮层含有花色甙色素，所以呈现出独特的颜色。这些有色大米在加工时通常会保留完整的麸皮层。黑米和紫米通常是粳米，所以米粒短而黏。有色大米的一个例子是东南亚的黑米，在制作甜点时会使用，如马来西亚的黑米布丁，是将黑米与香兰叶一起烹饪，并加入椰奶一起食用。红米通常是籼米，米粒长而不黏。因为保留了麸皮层，这些有色大米的特点是有坚果味，富含纤维和矿物质，如铁和锌，而且花色甙色素具有清除自由基的能力。

另一种大米被称为香米。这个种类通常包含长粒和中粒的水稻品种，它们富含一种特殊的高挥发性化合物。其中最著名的是巴斯马蒂香米和茉莉香米。茉莉香米得名于茉莉花，原因是它具有一种香味，而且呈明亮的白色。新收获的茉莉香米被称为"新作物茉莉香米"，因其香气和质地而备受重视。

巴斯马蒂香米

巴斯马蒂香米是一种特别珍贵的大米，通常被称为"大米之王"。这种细长的大米因为以下几个原因受到珍视：其质地细腻，煮熟后蓬松；在烹饪时米粒的长度能增加一倍；它拥有独特的香气，在生和熟两种状态下都很明显。事实上，它的名字来自印地语中意为"芳香"的一个词。真正的巴斯马蒂水稻生长在喜马拉雅山脚下，恒河平原两侧的印度和巴基斯坦都有种植。它在印度文化中一直备受推崇。1766年，旁遮普[①]诗人瓦瑞斯·沙（Waris Shah）在其著名史诗《希尔与然珈》（*Heer Ranjha*）中提到了巴斯马蒂香米。通过历史上的贸易路线，这种大米被印度商人传入中东，在那里也很受欢迎。

人们所珍视的印度大米的香气来自一种叫作2-乙酰-1-吡咯啉的特殊芳香化合物。香兰叶中也拥有这种化合物，巴斯马蒂香米中这种化合物的含量很高。

巴斯马蒂香米是一种价格昂贵的大米，消费者愿意为它支付高价，这使它在印度和巴基斯坦都成为一种非常重要的作物。印度是向世界其他地区出口巴斯马蒂香米的主要国家，其次是巴基斯坦。在印度，巴斯马蒂水稻生长在哈里亚纳邦、旁遮普邦、喜马偕尔邦、北阿坎德邦和北方邦西部。在巴基斯坦，巴斯马蒂水稻生长在旁遮普省。在印度菜肴中，陈年巴斯马蒂香米（在一定条件下收获和储存多年的香米）尤其受人推崇。在存放过程中，香米的香气变得更加浓郁，同时也彻底变干，确保了香米在烹饪时变得蓬松而颗粒分明。

传统上，巴斯马蒂香米一直是印度皇室和贵族享用的奢侈品。特殊场合，比如婚礼和宗教节日的庆祝宴会上会使用巴斯马蒂香米。有一道菜肴与巴斯马蒂香米关系密切，那就是印度炒饭，这是一道源自莫卧儿帝国时期皇家厨房的奢侈菜品。

---

① 旁遮普：五条河流域地区，位于印度西北部。

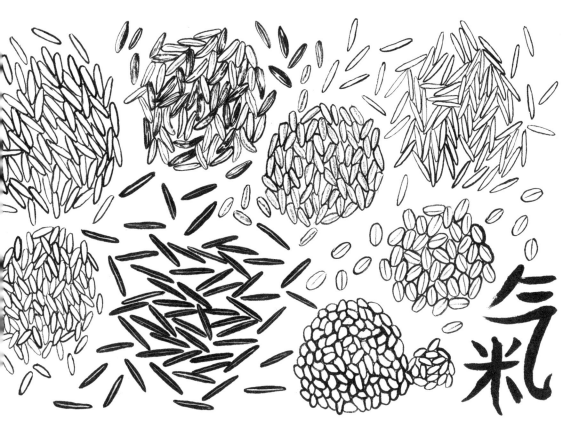

卡罗来纳黄金大米

正如卡罗来纳黄金大米的故事所表明的那样，美国也有自己的种植传统。在殖民地时期，南卡罗来纳州成为北美主要的大米产地。

南卡罗来纳州查尔斯顿的亨利·伍德沃德（Henry Woodward）是美国水稻种植的先驱。1685年，他从约翰·瑟伯（John Thurber）船长那里得到了非洲水稻的种子。瑟伯船长从马达加斯加岛带回了一包水稻种子，船只进入查尔斯顿港进行修理。伍德沃德可能是在查尔斯顿的花园里，或是在阿巴波奥拉河（Abbapoola Creek）的土地上，用这包种子种出了水稻。大米是一种珍贵的商品，南卡罗来纳州的亚热带气候及其沼泽、河流、小溪和潮汐盆地的地貌使其成为该州的主要农作物。

来自西非水稻种植地区（被称为水稻海岸）的非洲奴隶被运送到了查尔斯顿（运输奴隶的一个主要港口），来种植这种新型劳动密集型作物。这种作物要求清理土地，修建运河和堤坝，为灌溉系统服务，还需要种植、除草和收割。

在美国殖民地时期，非洲奴隶掌握的水稻种植知识对于水稻的成功种植起到了至关重要的作用。大米成为南卡罗来纳州经济的重要组成部分，是主要的出口产品，与烟草一起，提高了该州的财政收入。在英国等国家，卡罗来纳的大米以其品质而闻名。

1714年，殖民地采用了一套大米称重系统，具体规定了运送大米的桶的大小。现在用于测量路易斯安那州西南部水稻产量的桶（重73千克）就源于这个测量方法，那里现在已经开始商业化种植水稻了。据说，卡罗来纳黄金大米这个名字来自金色稻谷的外观。

尽管卡罗来纳黄金大米因其味道而受到重视，但加工时会遇到一个问题，它的谷粒脆弱易碎，在碾磨过程中约有30%的谷粒会破碎。珍贵的完整谷粒用于出口，破碎的谷粒（传统上被称为米德林斯，现在被称为粗米粉）被留作家庭食用，并因其独特的质地而受到人们的喜爱，食用破碎谷粒成了南卡罗来纳州烹饪的一个特色。1820年时，南卡罗来纳州超过3.9万公顷的土地被用于种植卡罗来纳黄金大米。然而，在南北战争和废除奴隶制之后，由于缺乏廉价的劳动力来源，南卡罗来纳州的稻米种植成本提高，该州的稻米产量大幅下降，稻米种植转向了包括路易斯安那州在内的其他州。20世纪初的两次毁灭性飓风和大萧条使该州商业稻农的境况变得更加艰难，卡罗来纳黄金大米这种使用现代技术种植的非商业水稻几乎绝迹了。

然而，这种情况已经发生改变。20世纪80年代，萨凡纳（Savannah）的一位名叫理查德·舒尔策（Richard Schulze）的眼科医生开始在他位于南卡罗来纳州哈德维尔的特恩布里奇（Turnbridge）种植园里种植水稻，以吸引鸭子前来觅食。他决定种植该地区的原始水稻，并从得克萨斯州的美国农业农村部种子银行获得了6.3千克卡罗来纳黄金水稻的种子。1986年，他在自己的种植园里种植了这种水稻，从而使这种水稻回到了原本在卡罗来纳州沿海湿地的生长地。舒尔策种下了这种现在很稀有的水稻，它的味道和质地一直备受推崇，而且他自己也想吃这种大米。这就需要碾米，所以舒尔策的下一步就是重建里奇兰（Ridgeland）的一个废弃的碾米厂。1988年，在收获了4500千克大米后，舒尔策举办了一场特殊的"再引入宴会"，让他的客人有机会品尝这种如今已成为传奇的当地大米。他和他的客人都对卡罗来纳黄金

大米和豌豆

4人份

准备10分钟

烹饪30分钟

300克长粒米

1汤匙葵花籽油或植物油

1个洋葱，切碎

1瓣大蒜，去皮

0.5茶匙多香果（可选）

1根苏格兰圆帽辣椒或红辣椒

2枝百里香

400毫升罐装椰奶

100毫升水

400克罐装芸豆或黑豆，浸泡、沥干和冲洗

盐

这道深受喜爱的米饭菜肴是牙买加的主食。"豌豆"实际上是豆子，可以是黑豆，也可以是芸豆。

1　用冷水淘米，冲洗掉多余的淀粉。

2　往一个厚底炖锅里倒入油，加热，把洋葱炒软。拌入大米，加入蒜瓣、多香果、苏格兰圆帽辣椒或红辣椒，以及百里香。倒入椰奶和水，拌入豆子。用盐调味。

3　煮沸，盖上锅盖，用小火煮大约20分钟，直到所有汤汁都被吸收，米饭变软。挑出大蒜、辣椒和百里香，马上上桌。

大米

黄瓜寿司卷

做12个寿司卷

准备15分钟，加上浸泡、静置和冷却

100克寿司米

不足225毫升水

2汤匙日本米醋

1汤匙砂糖

1茶匙盐

两张紫菜

芥末酱，按口味加

1茶匙芝麻

四分之一根黄瓜，去皮，切成细长条

配料

腌寿司姜

生抽

寿司卷是一道经典的日本料理。制作寿司需要使用日本的食材，包括黏黏的寿司米、紫菜片、日本米醋和芥末酱，还需要一张小小的竹制寿司帘。这个菜谱里的寿司馅是传统的，在你学会如何制作寿司卷后，就可以尝试放入一些别的馅料。

1 用冷水淘几次米，冲洗掉多余的淀粉。放入冷水，没过米粒，静置15分钟。

2 把米粒沥干，倒入一个小小的厚底平底锅，加入水。煮沸，盖紧锅盖，转小火，煮15分钟左右，直到所有的水都被吸收。盖好盖子，放在一边，放置15分钟。

3 与此同时，将米醋、糖和盐混合，搅拌至溶解。将热米饭铺在一个大盘子或托盘上，洒上米醋混合物，然后搅拌。冷却至室温。

4 制作寿司卷时，取一张紫菜片放在寿司帘上。将一半的米饭均匀铺在紫菜上，在顶端留出1厘米的空白。在米饭中间抹上一条芥末酱，在芥末酱上撒上芝麻。将黄瓜条整齐地放在芝麻上。

5 用竹帘把紫菜卷起来，把黄瓜条包裹起来。给未卷起的紫菜片轻轻刷上一些水。迅速用竹帘把紫菜紧紧地卷起来，包裹住内馅，用潮湿的部分把紫菜卷封起来。

6 重复这个过程。用一把锋利的刀把每条紫菜卷都切成六块大小均匀的寿司卷。将寿司卷与腌寿司姜、芥末和酱油一起上桌。

大米的品质印象深刻，他们觉得它非常美味，与其名声相符。

广受赞誉的厨师肖恩·布罗克（Sean Brock）是推广传统本土美食的一个重要人物，他在查尔斯顿的赫斯克＆麦克拉迪餐厅（Husk and McCrady's）会使用南方各州的食材，制作那里的特色菜肴。布罗克是卡罗来纳黄金大米的热心支持者，他在跳跃约翰（Hoppin' John）等传统食谱中使用了这种大米。所谓的卡罗来纳黄金大米复兴运动仍在继续，如今南卡罗来纳州拥有61公顷的土地，每年生产63.5吨纯原种大米。

米酒

在许多国家，大米不仅是一种食物，而且是一种重要的酿酒原料。米酒是一种由大米制成的酒精饮料，广泛存在于以大米为主食的国家，包括中国、印度、日本、韩国和东南亚的一些国家。酿造米酒的过程与酿造啤酒类似，都要使熟大米中的淀粉发酵从而产生酒精。中国的酿酒历史已经有数千年，酿酒的原料有小米、高粱和大米等谷物。米酒是中国文化中很重要的一种饮料，寺庙祭祀和婚礼都会使用，在中国古典诗歌中也有出现，例如公元前11世纪到公元前6世纪期间形成的诗集《诗经》中就提到过。

在众多米酒中，大概日本清酒在国外最常见。在日本，清酒被认为是一种国酒，人们会在家里、酒吧和餐馆等社交场合饮用，也会在正式场合或节假日庆祝的时候饮用。传统的清酒由蒸熟的大米制成，先在一部分大米中加入发酵培养物曲霉，然后把加入曲霉的大米和剩下的大米、泉水、酵母混合，制成酒曲。一段时间后，加入更多的泉水，进行发酵。在某一阶段，通常会加入蒸馏酒精，以停止发酵过程，并起到防腐的作用。日本清酒有两大类：普通清酒和特级清酒，分为不同的等级。根据季节、清酒的类型和饮用者的喜好，清酒可以冰镇、常温或温热饮用。清酒的盛放器具是一种叫作清酒瓶的特殊陶瓷清酒烧瓶，喝的时候根据清酒的类型，用名叫"sakazuki""guinomi"或"choko"的小陶瓷杯倒酒。精品清酒因其香气、色泽和味道（从优雅的花香或果香到浓郁的鲜味）受到鉴赏家的青睐。

烹饪大米

正如大米是一种适应性强的植物，可以在各种条件下生长，厨房里

喷香菜饭

4 人份

准备 10 分钟

烹饪 20—25 分钟

在许多国家，人们都用高汤来煮米饭，以特别增加其口感。这个印度风味的菜谱使用的是巴斯马蒂香米，用黄油炒香可使口感变得醇厚，再加入香料一起烹饪。可以作为配菜，也可以当作主食来享用。

0.5 茶匙藏红花丝，磨细

300 克巴斯马蒂香米

2 汤匙黄油

1 根肉桂棒

6 个小豆蔻

半个洋葱，切碎

115 克冷冻豌豆

2 根胡萝卜，去皮切丁

55 克四季豆，切成 2.5 厘米长的小段

450 毫升鸡汤

盐

1 把藏红花浸泡在一汤匙热水中，放到一边备用。用冷水彻底冲洗大米，洗掉多余的淀粉。

2 用中号的厚底炖锅加热黄油。加入肉桂棒、小豆蔻和洋葱。轻轻翻炒，不时搅拌，直到洋葱变软。

3 加入大米、豌豆、胡萝卜和四季豆。加入高汤和藏红花水，用盐调味。煮开，改小火，盖紧锅盖，煮 15—20 分钟，直到汤汁全部被吸收，米饭变软。上桌。

大米

的大米也是一种非常灵活的配料。它精致、低调的味道使它成为餐点的绝佳基底，人们可以配着它享用辛辣的咖喱、可口的炒菜或味道浓郁的炖菜。大米本身也是一种很受欢迎的食材，在很多食谱中都占据着中心位置。

大米需要经过烹饪才能将其小而硬的种子转化为人类可以轻松食用和消化的食物。简单地把大米放入水里煮到变软，水分被吸干，就可以食用了。然而，在那些大米占据饮食中心地位的文化中，烹饪大米时的精细程度令人吃惊。在印度，烹饪长粒米的一种经典方法是，先把米洗一洗，浸泡以去除多余的淀粉，然后在一个有盖的炖锅里按照精确的比例放入大米和水，用吸收法烹煮。到煮好的时候，米粒会变软，所有的水分都被吸收。在中国，烹饪长粒米的方法也与之类似。在伊拉克（以前是波斯的一部分），大米历来被视为一种奢侈品，传统上，制作长粒大米要求将其洗净，浸泡在盐水中，煮至半熟，沥干，最后蒸熟，得到质地轻盈、干爽的米饭。

在意大利，大米是用一种非常不同的方式烹饪的，传统上制作意大利烩饭用的就是这种方法。这道菜是用意大利烩饭米做的，烩饭米是一种短到中粒的意大利大米，比如阿柏里欧米（Arborio）或卡纳罗利米（Carnaroli），这类米含有大量的支链淀粉。要做烩饭，首先要用黄油炒米，通常要加洋葱，然后炖15—18分钟，分次加入微微沸腾的高汤，同时不断地搅拌米饭，以确保全部煮熟。在烹饪时，大米会释放出淀粉，使菜肴呈现出独特的奶油质地。理想情况下，在煮透后，每一粒大米都应该保留一些黏性。通常最后会加入黄油和磨碎的帕玛森奶酪。这是一道很常见的菜，在不同地区和不同季节都可以看到，制作这道菜时可以加入芦笋、黑墨鱼汁、小胡瓜、海鲜、意大利香肠或干香菇等原料。

在西班牙，人们会用像邦巴米（Bomba）这样的中粒米来制作杂烩饭。杂烩饭在西班牙人的心中有着特殊的地位，被认为是一道国菜。杂烩饭起源于瓦伦西的阿尔武费拉潟湖附近的稻田。在瓦伦西亚方言中，"杂烩饭"一词的意思是"煎锅"，所以这道菜传统上是在一个大而浅的平底锅中烹制的。在西班牙，杂烩饭的制作通常是一种社交活动，人们会在户外用大平底锅为家人和朋友烹制这道菜，平底锅的大小足以供好几个人食用。制作杂烩饭时，会往米饭中加入调味料和配料，其中液体的配料有葡萄酒和热高汤。与意大利烩饭不同的是，制作西班牙杂烩饭时会将高汤一次性加入米饭中，然后慢慢煮熟，不盖盖子，不搅拌，煮大约20分钟，直到高汤被吸收，变软。

西班牙杂烩饭的传统配料因地区而异，蜗牛、鳗鱼、兔肉、时令蔬菜、鸡肉和香肠都是经典的配料。其中海鲜杂烩饭特别引人注目，传统上是在沿海地区制作的，但现在西班牙各地都可以吃到。海鲜杂烩饭用藏红花调味，藏红花会使米饭呈现出浓郁的黄色，米饭上面还会放上明虾、贻贝和蛤蜊等海鲜。

西班牙杂烩饭的传统配料因地区而异，蜗牛、鳗鱼、兔肉、时令蔬菜、鸡肉和香肠都是经典的配料。其中海鲜杂烩饭特别引人注目。

人们还发现，如果往大米里加入大量的水，煮到米粒变软，就可以制成米粥，米里的淀粉会使粥自然变稠。在中国，这种食物被称为粥，通常作为一种简单、耐饥、易消化的早餐，与油条一起食用。这是一道

烤香草大米布丁

4人份
准备5分钟
烹饪3个小时

大米布丁是一种口感温和的老式英国甜点，常会让那些小时候吃过它的人回想起往事。大米布丁的制作方法非常简单，当它在烤箱中慢慢烘烤的时候，制作者几乎不需要做些什么。这是一道吃着会让人感觉很舒服的奶油质地的菜肴，非常适合在寒冷的冬夜食用。吃的时候通常搭配草莓或覆盆子果酱，也可以搭配果脯。

3汤匙短粒米
1汤匙香草糖
600毫升全脂牛奶
一撮盐
1茶匙香草精
搭配草莓酱

1　预热烤箱至150℃。

2　把米和糖放在一个可以放入烤箱烘烤的盘子里，倒上牛奶，没过米粒。拌入盐和香草精。

3　放进烤箱，烤3个小时，在第一个小时里取出搅拌一到两次。烤到最后，米饭应该已经变软、膨胀，吸收了大部分牛奶。从烤箱中取出，旁边放上草莓酱，趁热上桌。

基础、便宜的美食。中国的不同地区有各种各样的粥，人们会往粥里加入各种配料，比如鱼丸、卤鸡肉、海鲜、腌制咸肉或皮蛋。在以大米为主食的国家，如印度、印度尼西亚、日本、韩国、菲律宾和斯里兰卡，都发现了由米粥变化而来的食物。

印度香饭中常会加藏红花、黑豆蔻、绿豆蔻、肉桂棒和磨碎的肉豆蔻等昂贵的芳香香料。放入这些香料后，可以制作出一道浓郁、芳香的菜肴，供特殊场合食用。

在质地和丰富程度上与粥形成对比的是印度香饭（Biriyani），这是一种来自印度次大陆的以大米为基础的节庆美食，是莫卧儿的一道特色菜。据说，它的名字来源于波斯语"birinj"（波斯语中的"米饭"）或"biryan"（波斯语中的"油炸"）。这道菜是将半熟的长粒米（比如巴斯马蒂香米）与煮熟加了香料的肉、鱼或蔬菜混合在一起，盖上盖子，放在一个密封的锅里烘烤，传统上用生面团密封，直到米饭被蒸熟。印度香饭中常会加入藏红花、黑豆蔻、绿豆蔻、肉桂棒和磨碎的肉豆蔻等昂贵的芳香香料。放入这些香料后，可以制作出一道浓郁、芳香的菜肴，供特殊场合食用。在这种场合下，熟米粒的轻盈度和分离度是评估香饭制作水平的重要标准。波斯烹饪中也有供庆祝场合食用的米饭菜肴，如宝石米饭。这道菜通常会在婚礼上出现，基底是金黄色的藏红花米饭，上面装饰有裹上糖霜的胡萝卜片、橙皮条、晒干的小檗果、开心果、杏仁和结晶的糖"钻石"。

在更加日常的饮食中，你会发现世界各地的炖饭都各不相同。在制作炖饭时，会往米饭中加入高汤，以增加口感，有时还会加入肉、鱼或蔬菜。为了使口感更加丰富，还可以加入一些额外的步骤，比如先用黄油炒洋葱碎，然后加入米饭，让米粒裹上黄油；或者加入月桂叶等香草或肉桂棒等香料；还可以加入坚果和水果干。什锦饭是一道起源于西班牙和法国的路易斯安那州菜肴，是这种米饭烹饪方法的一个例子。什锦饭的食谱有很多，经典的配料包括熏香肠、猪肉、鸡肉和小龙虾。"跳跃约翰"是由大米和豌豆做成的，是美国南部另一种深受喜爱的米饭菜肴。在热带国家，大米通常不是用高汤，而是用椰奶来煮，椰奶会给米饭增加微妙的甜味和醇厚的口感（见第149页）。在马来西亚，椰浆饭很受欢迎，椰浆饭由椰子饭和其他食物组成，比如油炸的咸鱼和花生，以及叫作参巴（Sambal）的辣味调料和泡菜，这些食物的质地和味道都与口感温和的米饭形成对比。

炒饭是世界上另一种流行的米饭烹饪技术。在食用大米的国家，这一直是一种利用剩饭的有效方法。在中国，炒饭是一种很受欢迎的食物，只需把米饭倒入锅里，用大火快炒。通常会简单地加入小葱和鸡蛋，但也可以制作得更精细，比如加入腌牛肉条、咸鱼片、叉烧肉或海鲜等。

寿司是日本最著名的米饭菜肴（见150页），它的外观特别引人注目。事实上，这道典型的日本特色菜现在已经广为人知，世界各地都有制作。这道菜的发明是为了保存鱼，以便把咸鱼放在煮熟的米饭里发酵。江户时代出现了未经发酵的生鱼片寿司。19世纪，人们越来越多地使用醋饭。短粒米具有能黏着在一起的能力，这是我们今天所熟悉的寿司的核心特点，这种能力使米饭能够成功地成型，并优雅地呈现出来。寿司有四种主要类型：卷寿司（把米饭裹在干紫菜片里）、押寿司（把米饭压入模具里，上面放上煮过或腌制过的鱼）、握寿司（把米饭捏成手指状，上面放上鱼、海鲜或煎蛋）和散寿司（把米饭放入碗里，上面放上鱼片）。要让米饭的质地适合制作握寿司（既要紧致、能粘在一起，又要柔软适口）并不简单。制作寿司需要相当多的经验和专业知识，寿司师傅在日本备受推崇。

要让米饭的质地适合制作握寿司（既要紧致、能粘在一起，又要柔软适口）并不简单。制作寿司需要相当多的经验和专业知识，寿司师傅在日本备受推崇。

我们一开始总认为寿司属于开胃菜，但米饭不仅仅会出现在开胃菜中。世界各地都有用米饭做布丁的传统。在印度，有一种叫作"kheer"的大米布丁，它是把大米、豆蔻、糖和牛奶一起小火慢慢煮熟，冷却后用开心果和可食用的银箔装饰起来。在英国，大米布丁也是一种传统的甜点，制作方法很简单，用加糖的牛奶烹煮大米，然后与草莓酱一起食用（见第156页）。在东南亚，糯米常被用于制作甜点。其中最著名的是泰国的杧果糯米饭，这道甜点把带有椰奶醇厚口感的糯米和新鲜杧果片结合在一起，口感非常好。

印尼炒饭

4人份
准备10分钟
烹饪17—18分钟

2个鸡蛋

盐和现磨黑胡椒

4汤匙葵花籽油

2根红辣椒

半个洋葱，切碎

2瓣大蒜，切碎

0.5茶匙发酵虾酱

250克鸡腿肉，切成短条

175克生明虾，去壳

500克冷米饭

1汤匙印尼甜酱油

2汤匙香酥炸青葱

　　印尼炒饭是一道非常美味的食物，可以单独吃。红辣椒给它带来了独特的口感，东南亚发酵虾酱的使用则增添了咸鲜味。

1　把鸡蛋打在一个小碗里，打散，用盐和胡椒调味。往煎锅里加入四分之一汤匙的油，加热。倒入一半打散的鸡蛋，倾斜煎锅使其均匀摊开，煎至凝固。重复以上步骤，把剩下的鸡蛋煎好。把两片薄薄的煎蛋卷起来，切成细丝备用。

2　把辣椒、洋葱、大蒜和发酵虾酱放入食品料理机打成糊状。

3　把剩下的油倒入炒锅里，加热。加入辣椒酱，不停翻炒2—3分钟，直到香味溢出。加入鸡肉条炒2分钟。加入明虾炒至不透明，成粉红色。

4　加入米饭和印尼甜酱油，充分搅拌，把米饭炒散。炒5分钟至热透。

5　撒上煎蛋丝和香酥炸青葱，即可上桌。

大 米

石锅拌饭

4人份
准备20分钟
烹饪20—25分钟

225克牛排，切成短细条
1瓣大蒜，切碎
2汤匙酱油
1.5汤匙芝麻油
一撮糖
300克短粒大米
600毫升水
盐
2根胡萝卜，去皮切成丝
2汤匙芝麻
4汤匙葵花籽油
12个蘑菇，对半切开
3汤匙韩国辣酱
4个鸡蛋
2根小葱，切碎

石锅拌饭是韩国人最喜欢吃的一种饭，石锅的下面是米饭，上面铺上了各种各样的食物，比如油炸蔬菜和肉，五颜六色，摆放得很漂亮。石锅拌饭的食谱有很多，主料大致相同，配料有各种变化，主要的调味料包括大蒜、芝麻油和韩国辣酱。

1 将牛肉条、大蒜、1汤匙酱油、1汤匙麻油和一撮糖放入碗中拌匀备用。

2 用冷水把米饭彻底洗干净，洗掉多余的淀粉。沥干水分，放入一个厚底炖锅中，加水和少许盐。煮开，改小火，盖紧锅盖煮20分钟，直到水被吸收，米饭变软。

3 煮米饭的时候，准备上面的配料。把胡萝卜放入沸水中煮软，沥干，和剩下的芝麻油、芝麻一起搅拌均匀。

4 往一个小煎锅里加入1汤匙葵花籽油。加入蘑菇炒至浅棕色。加入1汤匙韩国辣酱和1汤匙酱油，炒一下，给蘑菇裹上酱汁。

5 在一个中号煎锅里加入1汤匙葵花籽油，烧热，放入腌好的牛肉条，翻炒，直到炒熟。

6 把刚煮好的米饭分成四碗。每一份上面都放上牛肉条、芝麻、胡萝卜和辣蘑菇。

7 把剩下的葵花籽油倒入一个大煎锅里，烧热，把鸡蛋煎熟，然后在每一份饭上面放一个煎蛋。撒上切碎的葱，马上上桌，旁边放上韩国辣酱。

七种食材的奇妙旅行

可　可

　　在被人类当作食物来源的所有植物中，可可树在我们心目中占据着特殊的地位。事实上，甚至它的科学、植物学名称也暗示了它的特殊重要性，翻译过来就是"神的食物"。我们用可可树果实的种子来制作巧克力饮料，还有一种更现代的食品，其中甜的那种已经成为"巧克力"的同义词。

　　虽然可可树的确切起源已经不得而知，但我们知道它原本生长于美洲。在中美洲，我们首次发现人类使用可可豆的记载。据说，中美洲早期文明中的奥尔梅克人曾使用可可豆，然而大体细节与这个神秘文明的许多事情一样，仍然很粗略。奥尔梅克人没有书面历史，但我们在奥尔梅克人的壶和其他器皿上发现了可可中化学物质可可碱的痕迹。可可无疑在玛雅文明中扮演了重要的角色。考古学证据，包括玛雅象形文字和在墓室中发现的绘制在陶器上的场景，表明玛雅精英会饮用可可豆制成的饮料。据说，在玛雅文化中，人们会在宗教仪式中使用可可豆，而且把可可豆当成一种货币使用。

考古学证据，包括玛雅象形文字和在墓室中发现的绘制在陶器上的场景，表明玛雅精英会饮用可可豆制成的饮料。

　　可可对另一个中美洲族群阿兹特克人来说也很重要。阿兹特克人最初是游牧民族，后来定居在现在的墨西哥中部高地，创造了一个复杂的文明。和玛雅文明一样，可可豆在阿兹特克帝国非常珍贵，被当作货币使用，人们会用可可豆进行交易，其他族群也会向阿兹特克人进贡可可豆。大量可可豆被储存在皇家仓库里，被用来支付工资，和供宫廷里的人食用。在出生、婚姻和死亡的仪式上，阿兹特克人会隆重地饮用可可豆制成的饮料。阿兹特克贵族会在宴会上享用这种饮料。可可豆在阿兹特克社会有着特殊的地位：这种食材不仅奢侈，还具有魔幻和神圣的力量。

1519年，西班牙探险家埃尔南·科尔特斯领导了一次远征，导致了1521年阿兹特克帝国的崩溃，1520年阿兹特克皇帝蒙特苏马二世去世，1521年阿兹特克首府特诺奇蒂特兰陷落。西班牙殖民者留意到可可豆在阿兹特克社会中很受重视，并被当作货币使用。科尔特斯把这个用法报告给他的皇帝查理五世："可可豆是一种像杏仁一样的水果，他们把可可豆磨成粉，认为可可豆具有很高的价值，所以他们把可可豆当钱使用，在各地的市场和其他地方购买他们需要的东西。"西班牙人也很快了解到，用可可豆制成的饮料是阿兹特克社会的上层人士饮用的，他们注意到蒙特苏马二世喝过一种由可可豆制成的泡沫饮料。

西班牙人给这种饮料起了"chocolatl"这个名字，这个词被认为来源于"Nahuatl cacahuatl"，意思是"可可水"。

在征服了阿兹特克人之后，西班牙人在16世纪把巧克力这种新奇的异国饮料引入了欧洲。西班牙人给这种饮料起了"chocolatl"这个名字，这个词被认为来源于"Nahuatl cacahuatl"，意思是"可可水"。"Chocolatl"这个词衍生出了"chocolate"（巧克力）这个词，今天我们仍在使用它。

并不是每个人都相信这种饮料具有如此大的吸引力。意大利历史学家和旅行家吉罗拉莫·本佐尼（Girolamo Benzoni）在《新世界史》（*History of The New World*）一书中写道："它（巧克力饮料）似乎更像是给猪喝，而不是给人喝的饮料。我在这个国家待了一年多，从未想过要尝它的味道，每当我经过一个村庄，一些印第安人都会给我一杯，如果我不接受，他们会感到惊讶，然后笑着走开。但后来，因为葡萄酒短缺，又不能总是喝水，我确实喜欢上了这种饮料。它的味道有点苦，能使人的身体得到满足，让人感觉精神一振，但不会喝醉，据那个国家的印第安人说，这是最好、最昂贵的商品。"

在欧洲的宫廷和豪宅中，喝巧克力饮料变得非常时髦。在那里，它

三重巧克力曲奇

制作大约30块曲奇

准备15分钟

每批曲奇制作10分钟

这个经典的曲奇配方是一种让你同时享用三种巧克力的好方法。配上一杯清凉的冰牛奶或一杯热咖啡来品尝这份美味。

115克软化的咸黄油，加上额外的一些，用于润滑

50克细砂糖

50克软红糖

1个鸡蛋，轻轻打散

125克普通面粉

0.5茶匙小苏打

65克黑巧克力片

65克牛奶巧克力片

45克白巧克力片

1　预热烤箱至175℃。

2　把黄油和两种糖放入一个搅拌碗里，搅拌直到完全混合在一起。一点点加入打好的鸡蛋。

3　往混合物中筛入面粉和小苏打粉，搅拌均匀。放入所有的巧克力片，搅拌均匀。

4　用茶匙把混合物分成小份，放入抹了油的烤盘中，互相间隔开。分批放入烤箱烘烤10分钟，直到曲奇伸展开，变成金黄色。小心地用煎鱼锅铲取出，放在金属网架上冷却。储存在密封的容器中。

可可

是一种地位很高的饮料，由昂贵的进口可可豆制成，为社会精英而非大众所享用（见第181页"巧克力饮料"）。巧克力成功地成了一种时髦且有益健康的饮料。在17世纪，西班牙宫廷会饮用巧克力饮料，举办斗牛等盛事时也会供应巧克力饮料。

巧克力饮料在法国、意大利和西班牙等天主教国家很受欢迎，但是有一个问题，斋戒日是否可以喝这种口感浓郁、营养丰富的饮料？1662年，罗马教皇亚历山大七世宣布"液体不违反斋戒"（Iquidum non frangit jejunum），意味着人们可以在斋戒日里喝巧克力，这成为巧克力饮料流行开来的另一个原因。巧克力饮料常常得到权贵们的拥护，他们在这种新饮料的传播中起到了一定的作用。在法国，著名的教士马扎然（Mazarin）非常喜欢巧克力，他从意大利带来了两名知道如何煮咖啡、泡茶和制作巧克力饮料的厨师。1666年，国王路易十四授权一个名叫大卫·查利乌（David Chaliou）的人垄断生产和销售"一种名叫巧克力，对健康有益的食品"。喝巧克力的习惯从欧洲大陆传到了英国，1657年，一个法国人在伦敦的主教门大街上开了一家巧克力屋，出售"一种很棒的，名叫巧克力的西印度饮料"。

17世纪著名的英国作家塞缪尔·佩皮斯（Samuel Pepys）对新奇事物情有独钟，他在1661年记录道：在喝了一晚上酒之后，第二天早上他会喝"巧克力"来让胃舒服一点。英国开了许多巧克力屋，其中包括弗朗西斯·怀特（Francis White）于1693年开的怀特巧克力屋。人们聚集在这些巧克力屋里讨论政治和时事。众所周知，怀特俱乐部现在被认为是英国最老的绅士俱乐部，保守党成员经常会光顾那里。

在18世纪的北美，热巧克力也成为一种时髦的饮料，精英们会在早餐时饮用它。人们认为巧克力饮料健康又营养，它的拥护者中有开国元勋托马斯·杰斐逊，他在1785年的一封信中预言巧克力将取代茶和咖啡成为美国人最喜爱的饮料。

这种新饮料拥有巨大吸引力的一个原因，无疑是它拥有春药的名声。1570年，西班牙皇家医生兼博物学家弗朗西斯科·埃尔南德斯（Francisco Hernández）前往新西班牙（墨西哥），撰写了一部关于该地区植物的重要著作，并给出了一份巧克力的配方，他写到：巧克力"唤起了性欲"。17世纪的医生

> 巧克力的春药名声一直延续到了18世纪。法国国王路易十五的情妇蓬帕杜夫人以爱喝巧克力饮料闻名。

亨利·斯图比斯（Henry Stubbes）会为国王查理二世准备巧克力。查理对巧克力的喜爱如此之深，以至于1666年的皇室账簿都透露了这一点。1666年花在巧克力上的费用是57英镑，1669年费用有了惊人的上升，达到229英镑。相比之下，国王在茶上的花费少得多，通常只有大约6英镑。巧克力的春药名声一直延续到了18世纪。法国国王路易十五的情妇蓬帕杜夫人以爱喝巧克力饮料闻名。时至今日，巧克力仍然与爱情和浪漫联系在一起，每年西方情人节时巧克力的销量都会激增。

在工业革命的推动下，巧克力从一种少数特权阶层享受的饮料变成

了一种更实惠、更容易获得的饮料。其中的关键是1828年荷兰化学家昆拉德·约翰内斯·范豪滕（Coenraad Johannes Van Houten）发明了一种可可压榨法，用这种方法能够生产出一种可可粉，这种可可粉可以很容易地与水或牛奶混合，变成饮料。正如本佐尼（Benzoni）在1575年指出的，巧克力是一种不含酒精的饮料。这一点吸引了英国寻求酒精替代品的贵格会信徒，他们认为酒精会带来痛苦和坏处。

机器进步后制造出了可可粉，也创造出了我们今天所熟悉的巧克力。这一领域的许多先驱者至今仍是被大众认可的公司。1847年，贵格会巧克力制造商 J. S. 福莱父子公司（J. S. Fry & Son）找到了一种方法，将可可粉、糖和黄油混合在一起，制成一种巧克力酱，这种酱可以被定型做成巧克力块。1849年，世界上第一块巧克力诞生了，福莱父子公司展示了它的创新产品"美味的巧克力"。巧克力的生产制造继续发展进步，英国贵格会公司吉百利在1868年推出了首个巧克力礼盒。

1879年，巧克力制造商丹尼尔·彼得（Daniel Peter）与瑞士化学家亨利·内斯特（Henri Nestlé，发明了一种制造奶粉的方法）合作，生产出了第一块牛奶巧克力。同年，鲁道夫·林特（Rudolf Lindt）发明了巧克力研拌工艺，这是一种混合搅拌巧克力的方法，大大改善了巧克力的质地（见第177页）。

1893年，美国焦糖糖果制造商密尔顿·赫尔希（Milton Hershey）在芝加哥世界博览会上看到了新型巧克力生产机器的演示。1896年，他建立了一家巧克力加工厂，并于1900年开始生产好时巧克力。如今，巧克力糖果大规模生产，在世界许多地方都可以买到，价格也较便宜。然而，巧克力仍然被视为一种美味。

可可的种类

人们越来越认识到，可可豆品种的传统分类过于简单。科学的进步，包括追踪基因类型能力的提升，正在揭示一些更复杂的情况。目前仍在广泛使用的旧的可可豆分类方法将其分为三大类：

克里奥罗（Criollo）

这个词在拉丁美洲西班牙语中的意思是"本地的"，用来指在西班牙人到来之前中美洲种植的可可树。克里奥罗可可豆因其品质而收获诸多赞誉。克里奥罗树是脆弱的，易受病虫害侵袭，产量低，所以克里奥罗可可豆是稀有和昂贵的。

福拉斯特洛（Forastero）

这个词在西班牙语中的意思是"外国的"。世界上绝大多数地区的可可树，包括非洲、巴西和厄瓜多尔，都是这个品种。这是一种耐寒的可可树，不易生病。

特立尼达（Trinitario）

这是一种杂交可可树，以特立尼达岛的名字命名，它是在特立尼达岛种植出来的，传统上被认为是克里奥罗和福拉斯特洛的杂交品种。

一种可可豆分类的新方法认为福拉斯特洛一词过于简化，因为它涵盖了如此广泛的可可豆品种。这个分类法把福拉斯特洛分为8个品种：阿门罗纳多（Amelonado）、孔塔马纳（Contamana）、库拉莱（Curaray）、圭亚那（Guiana）、伊基托斯（Iquitos）、马拉尼翁（Marañón）、那内（Nanay）和普鲁斯（Purus）。克里奥罗被定义为玛雅人和阿兹特克人使用的古代可可。许多其他的可可基因类型正在识别中，其中包括生长在厄瓜多尔和秘鲁北部的娜斯努（Nacional）。在可可市场上，可可豆分为两类。"散装"或"普通"可可豆是种植最广泛的可可豆。它们的味道不像克里奥罗或特立尼达那样复杂。一般来说，散装可可豆由福拉斯特洛品种的可可豆组成。"优质"或"风味"可可豆来自克里奥罗或特立尼达可可树。就世界可可豆总产量而言，每年的优质或风味可可豆只占全部可可豆的5%。

巧克力是如何制作出来的

制作固体巧克力的漫长过程始于种植可可树，待其长出可可豆后，再用可可豆制作出巧克力。

种植和收获可可豆

种植可可豆需要付出大量艰苦的体力劳动，因为在种植和收获过程中都需要持续的照料和关注。可可豆原产于热带，在这个世界的"热带地区"中成功生长。"热带地区"是地球上的一条地理带，横跨赤道南北23度左右。在它的自然生长地，5—8米高的可可树生长在热带雨林的树荫下。可可树很娇嫩，需要避免受到阳光直射和风吹。为了帮助他们的树木茁壮成长，小规模的可可种植者经常在较高的树的树荫下种植可可幼苗，比如香蕉、椰子或橡胶树。然而，在大型可可种植园里，成百上千棵可可树被种植在一起。如果种植在有阳光直射的地方，没有树荫的保护，可可树就会受到压力，更容易受到病虫害的影响，而且在种植密度大的种植园里，病虫害很容易传播开来。

据估计，只有5%的可可花会结出果实。经过授粉的可可花需要5—6个月的时间才能变为成熟的果实，可可花长成的果实被称为可可豆荚。

可可树在2至4年开始开花。为了结出果实，可可花需要授粉，这个过程是由微小的蚊、蠓完成的。据估计，只有5%的可可花会结出果实。经过授粉的可可花需要5—6个月的时间才能变为成熟的果实，可可花长成的果实被称为可可豆荚。引人注目的是，这些纤长的树会结出巨大的果实，长在树干和树枝上。这些果实的形状像拉长了的甜瓜，长度从23厘米到33厘米不等。一棵可可树大约能结出20—40个可可豆荚，每个可可豆荚里有30—50颗种子，也就是可可豆。就产量而言，可可树的产量通常在第7年左右达到峰值，不过超过7年之后它们也会继续产出果实。一棵可可树上果实成熟的时间会有所不同，所以种植可可树的农民必须跟踪每个豆荚的成熟过程。豆荚需要在成熟之后、发芽之前收获，适宜收获的时间大约有3—4周。收割是手工完成的，农民用大砍刀从茎上干净利落地割下重重的果实，避免损伤树、未成熟的果实或花朵。

然后，成熟的可可果实被切开，可可豆和包裹着可可豆的黏糊糊的酸甜果肉都被从豆荚的厚壳里取出来，送到收集点。

发酵可可豆

可可豆的发酵是形成巧克力风味和降低可可豆中粗糙单宁酸水平的

可可碎粒穆兹利

制作500克

准备5分钟

制作65分钟至95分钟

自制的穆兹利总是比在商店买的好吃得多。自己动手做的乐趣在于，你可以根据自己的喜好加入配料。可可碎粒以一种讨喜的方式给这一碗混合麦片增加了口感和巧克力的风味。

250克燕麦片

150克葵花籽

125克切好的美洲山核桃

100毫升葵花籽油

5汤匙稀蜂蜜或枫糖浆

1撮盐

1茶匙香草精

3汤匙可可碎粒

1　预热烤箱至140℃。

2　把燕麦片、葵花籽和山核桃混合在一起。把油、稀蜂蜜或枫糖浆倒入一个炖锅中，慢慢加热，搅拌均匀。加入盐和香草精。

3　把油的混合物倒入燕麦混合物中，搅拌均匀。把混合物均匀地摊在烤盘上，然后烘烤1到1.5小时。不时拿出来搅拌一下，直到变成金黄色，变脆。

4　取出晾凉，然后从烤盘转移到大碗中。加入可可碎粒，混合均匀。储存在密封的容器中。

可可

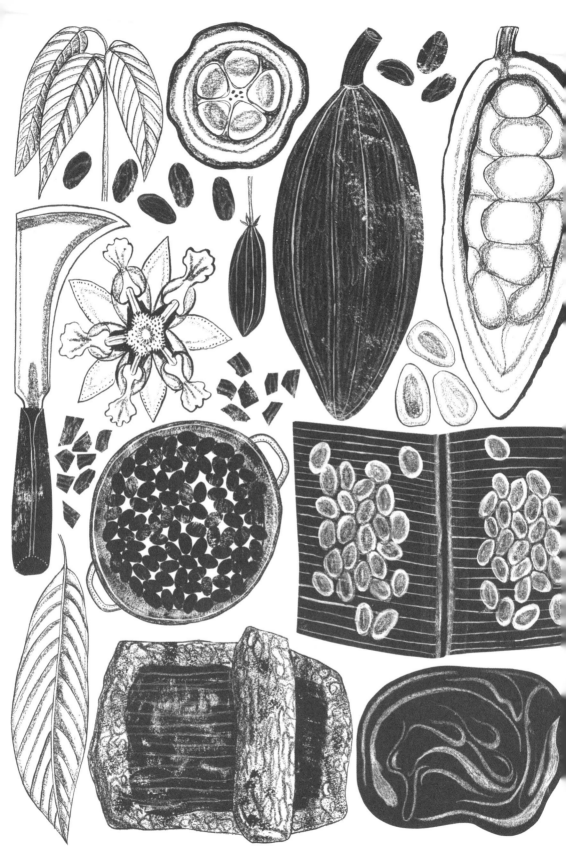

巧克力杯

4人份

准备10分钟，加上冷藏2—3小时

烹饪3分钟

这些小而浓郁的巧克力杯绝对是巧克力爱好者会喜欢的甜点。因为可以提前做好，所以非常适合晚餐派对。在巧克力杯上点缀上新鲜搅打好的奶油，边上放上一片美味的杏仁饼干，一起享用。

150毫升高脂厚奶油

175克黑巧克力片

2个蛋黄

55克砂糖

新鲜搅打好的奶油，用来装饰

杏仁饼干

1　预热烤箱至140℃。

2　把奶油倒入一个炖锅里，加热至沸腾。放到一边，立即加入巧克力片，搅拌至融化。

3　把蛋黄放入一个碗里，加入糖，搅打均匀。倒入热巧克力奶油，不停地搅拌。

4　把这些混合物倒入4个小烤杯或小碗。晾凉，盖上盖子，放入冰箱冷藏2—3小时，直到凝固。

可可

一个重要阶段。发酵通常在可可豆的原产地进行，热带的炎热气候有助于这个过程的进行。人们会把可可豆和它柔软的果肉堆在一起，或者放在箱子（有时被称为发汗箱）之类的容器里，或者放在悬挂起来的袋子里，盖上叶子，比如大蕉叶或香蕉叶，让它们发酵。自然产生的酵母孢子会落在可可豆上，果肉中的天然糖很快开始发酵，变成醋酸（醋的一种形式）。堆积在一起的可可豆的温度升高，使可可豆变软，醋酸渗入并杀死每颗可可豆内的胚胎（胚芽），并引发可可豆内发生一系列化学反应，包括酶活性的变化和蛋白质分解成氨基酸等。当果肉转化成醋酸时，它会被自然地风干，使可可豆的颜色稍微变深一些。

发酵周期从2天到6天不等，取决于品种，克里奥罗需要的发酵时间比福拉斯特洛短。在发酵过程中，为了通风方便，提高细菌活性，并确保均匀发酵，人们会翻动或搅动可可豆。

给可可豆脱水

发酵后的下一阶段是给可可豆脱水，目标是将可可豆的含水量从60%降到7.5%左右。在许多国家，人们利用阳光来晒干可可豆，他们会找一些阳光充足的位置，把可可豆摊放在垫子、托盘或地板上。有些国家在可可豆收获后缺乏干燥期，他们就使用人工干燥法。例如，在巴布亚新几内亚，人们会把可可豆放在柴火旁烘干，这给可可豆增添了一种独特的烟熏味。在5—6天的干燥期里，可可豆每天要定期耙几次，以确保均匀、有效地干燥。为了防止霉菌生长，给可可豆脱水是很重要的，因为霉菌会破坏可可豆的味道。脱水完成后，会根据大小和品质给可可豆分级、称重和包装。大部分可可豆被货船运往国外，送到中间商的仓库或直接送到巧克力工厂进行加工。

烘焙可可豆

巧克力制造商收到可可豆后，首先会进行检查，去除杂质，比如麻袋上的纤维、小树枝或石头。然后，开始烘焙可可豆，这是形成巧克力风味的另一个重要阶段，就像烘焙咖啡豆或帮助创造咖啡风味一样。

在烘焙过程中，可可豆的颜色会变深，这就是所谓的美拉德反应

经典布朗尼

制作16块布朗尼

准备15分钟

烹饪35分钟

谁能抗拒巧克力布朗尼呢？柔软的质地确实让它们很容易入口。核桃是一种经典的配料，它们的微苦与巧克力混合物的甜味形成了鲜明的对比。

115克咸黄油，加上额外的一些，用于润滑

200克黑巧克力，切碎，或黑巧克力片

2个鸡蛋

200克砂糖

1茶匙香草精

125克筛过的普通面粉

65克核桃或美洲山核桃片

1. 预热烤箱至175℃。在一个直径20厘米的蛋糕模具里抹上黄油，铺上锡箔纸。

2. 把黄油和巧克力放入一个小的、厚底的炖锅里。用小火加热，搅拌，直到融化。放到一边备用。

3. 把鸡蛋打入一个搅拌碗，搅打至发白起泡沫。逐次加入糖，并充分搅打。

4. 加入融化的巧克力和香草精，拌匀。加入普通面粉，然后加入核桃或山核桃片。

5. 将混合物倒入准备好的蛋糕模具中。烤30分钟。烘烤结束时，模具中混合物的表面应该已经稍微发硬，边缘处凝固，但中间仍然是软的。从烤箱中取出，冷却10分钟，然后切成16块。完全冷却后再上桌。

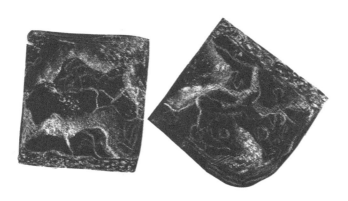

可可

烘焙时的高温也会破坏可可豆中残留的单宁酸，使巧克力的口感更加柔滑。烘焙也有食品安全方面的考虑，因为高温有助于消灭可可豆中人体不需要的细菌。

（Maillard reaction）。在美拉德反应发生的过程中，糖和蛋白质被分解，使食物产生更复杂的味道。烤肉或烤面包时也会同样的事情。烘焙时的高温也会破坏可可豆中残留的单宁酸，使巧克力的口感更加柔滑。烘焙也有食品安全方面的考虑，因为高温有助于消灭可可豆中人体不需要的细菌。

烘焙温度和时间取决于所用可可豆的类型以及巧克力制造商所追求的口感。装备精良的大型巧克力生产商与小型巧克力生产商使用的烘焙工艺不同。但一般来说，烘焙可可豆的温度比烘焙咖啡豆的温度更低，而且注意不要烘焙过度，否则会破坏可可豆的味道。

像克里奥罗这种芳香四溢的优质可可豆所需的烘焙时间比福拉斯特

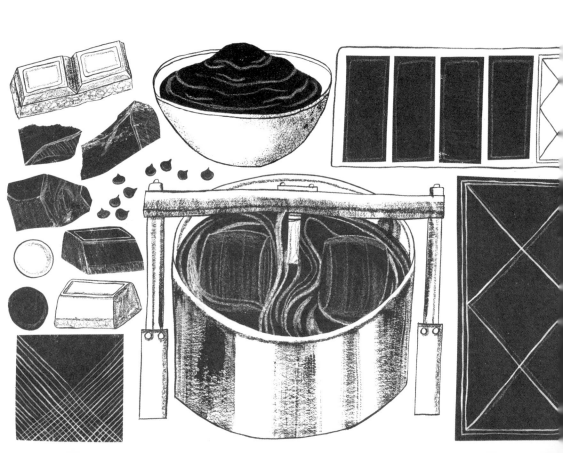

洛可可豆更短。对于小批量生产"可可豆到块状巧克力"(见第179页)的手工巧克力制作师来说，烘焙阶段非常重要，在这个过程中，制作师精心而熟练地烘焙可可豆，充分激发出可可豆的潜在风味。手工巧克力制作师通常会烘焙整颗可可豆，而在大规模工业化生产巧克力的领域，制造商们还会烘焙可可碎粒（去壳后得到的可可豆）和可可块（用磨碎的可可豆制成的糊状物）。

烘焙过的整颗可可豆现在已经又干又脆了，接下来要把它们碾碎，以便从可可碎粒中去除外壳。然后，可可碎粒被进一步碾碎，在磨坊里被研磨成一种深棕色的浓浆，被称为"可可液"或"可可酒"，也被称为"可可浆"，加热后这种浓浆会液化。"酒"这个词容易让人产生误解，因为它在室温下是固态的，而且完全不含酒精。在这个阶段，可可酒含有可可固体和可可脂（可可豆中的天然脂肪），可可脂的水平取决于可可豆的来源、成熟季节和收获条件。

部分可可液可进一步加工，以将可可脂从可可块中分离出来，这是通过液压机实现的。通常情况下，可可脂（会被添加到巧克力中，也可以用于制造化妆品）会经过除臭处理，使其拥有中性的香气和味道。它是一种昂贵的原料，一些巧克力制造商会用更便宜的油脂，比如植物油或棕榈油，来代替可可脂。

接下来，巧克力制造商将香草、糖和奶粉（为了制作牛奶巧克力）等原料混合到可可酒中，也常会加入被广泛用作乳化剂的卵磷脂。为了实现不同的口感，还可以加入更多的可可脂。巧克力中的可可含量（通常在包装上以百分比表示）包括可可固体和可可脂。高可可含量是品质的一个指标，虽然不是唯一的一个指标。例如，在黑巧克力的世界里，70%可可含量的巧克力可能被认为比80%可可含量的巧克力更好，因为还有其他因素在起作用，比如所用可可豆的品质，以及在发酵、烘焙、加工可可豆时投入的精力。

然后将这种粗粒可可混合物进行精炼，也就是说，在精炼机里混合搅拌几个小时。1879年，巧克力制造商鲁道夫·林特发明了巧克力精炼机，因为它的形状，它的名字可能来源于拉丁语中代表"壳"的那个词。传统的精炼机被称为纵向精炼机，其特点是花岗岩滚轴来回滚动，使巧克力液溅回槽中。滚轴的作用是产生摩擦，加热可可混合物。在巧克力制作过程中，精炼过程被认为是一个重要的阶段，因为这个过程可

在巧克力制作过程中，精炼过程被认为是一个重要的阶段，因为这个过程可以使可可豆和糖的颗粒变小，从而使之前的粗粒混合物口感变得更加柔滑。

以使可可豆和糖的颗粒变小，从而使之前的粗粒混合物口感变得更加柔滑。在不断搅拌的过程中，多余的挥发物和芳香也会慢慢消失，空气会进入可可混合物。据说鲁道夫·林特曾有意或无意地把可可混合物留在精炼机里整整一个周末，时间比平常长得多。然而，当他品尝了精炼后的混合物后，他意识到，经过这么长时间的搅拌精炼，制作出来的巧克力比当时的标准巧克力更柔滑，后来这成为瑞士巧克力的典型特征。高品质的巧克力制造商会将可可混合物精炼很久，长达72个小时。相比之下，其他制造商在大规模生产低品质巧克力时，可能只会短暂地精炼几个小时。现代精炼机有多种形式，为了追求效率和生产速度，现在有了可以研磨、混合和搅拌可可豆的一体机。

一旦精炼完成，就进行调温，这个过程会重新排列可可脂晶体（见195页），这通常是在调温机中完成的。调温过的巧克力被倒入模具中形成巧克力块，冷却并包装，包装过程通常由机器来完成。然后，工厂里的巧克力被送到商店，以供消费者购买。

巧克力的种类

传统上，巧克力制造商会生产三种不同类型的食用巧克力：黑巧克力、牛奶巧克力和白巧克力。

黑巧克力，也被称为纯巧克力。在欧洲，这是由可可块和可可脂制成的，通常还含有糖。在美国，食品和药物管理局的要求是，黑巧克力、苦甜巧克力或半甜巧克力至少要含有35%的可可，而且牛奶固形物含量不能超过12%。在美国，"半甜"和"苦甜"这些形容词的使用是由制造商自行决定的。人们通常认为半甜巧克力的可可含量较低，比苦甜巧克力更甜。可可含量100%的巧克力是一种由可可块制成、不加糖的黑巧克力，因此，它的味道明显更苦。

牛奶巧克力由可可块、可可脂和奶粉制成，因此得名"牛奶巧克力"。由于添加了奶粉，牛奶巧克力的颜色通常比黑巧克力更浅，而且味道通常更甜、更柔滑。传统上，牛奶巧克力的可可含量低于黑巧克力。可可含量因制造商和生产国而异，但一般在25%左右。在美国，牛奶固形物含量在12%以上的巧克力被称为"牛奶巧克力"。

白巧克力是由可可脂、糖和奶粉制成的，不含任何可可块。因为不含可可块，所以它是奶油色的，而且因为脂肪含量比较高，它的质地明显比黑巧克力或牛奶巧克力柔软。在生产这类巧克力时，许多制造商会添加大豆卵磷脂，用来帮助乳化。白巧克力通常会被做成香草风味的。

黑牛奶巧克力是巧克力世界的新成员。它的可可含量像纯巧克力一样高，但添加了奶粉。

生巧克力是另一名新成员。"生的"指的是用来制作巧克力的可可豆没有像传统的那样经过烘焙，不过可可豆是晒干的。

单源巧克力是指用从一个国家进口的可可豆制成的巧克力。大多数批量生产的巧克力是由来自多个国家的可可豆制成的。

手工巧克力运动

我们今天熟悉的巧克力很大程度上是工业革命的产物，它是在加工可可豆的技术突破中诞生的。巧克力制造商能够以可接受的价格大规模生产巧克力和巧克力糖果。巧克力制作师，尤其是法国和比利时的制作师，继续使用高品质的调温巧克力（见第189页）来制作巧克力糖果[充满了巧克力酱（巧克力和液体）、果仁糖或焦糖]，用巧克力模具制作新奇美食（见第188页"巧克力制作师"）。

然而，近几十年来，以巧克力为重心的手工巧克力运动在许多国家兴起。在手工咖啡的世界里，咖啡爱好者们喜欢过滤式咖啡，因为它既展现了制作咖啡所用的咖啡豆，也展现了制作咖啡时所付出的心血。同样，巧克力块也提供

手工巧克力运动见证了所谓的"可可豆到块状巧克力"的兴起，这种巧克力是直接从农民手中，而不是在开放市场上购买的，经过精心挑选的优质可可豆制成。

了一个机会来展现用来制作它的可可豆和生产者的技能。

过去，生长在热带地区的可可豆被运往国外加工成巧克力。如今，大部分可可豆被中间商批量出售。这种普通的可可豆被用来制作大批量生产的巧克力。相比之下，手工巧克力运动见证了所谓的"可可豆到块状巧克力"的兴起，这种巧克力是直接从农民手中，而不是

奢华热巧克力

2人份

准备5分钟

烹饪5分钟

使用真正的巧克力，而不是甜可可粉，可以使它成为一杯真正的奢华饮料。阿兹特克人会往他们的巧克力饮料中加入香草，所以这种口味的组合有着悠久的历史。在寒冷的冬日里，这会是一杯令你感到温暖舒服的饮料。

400毫升全脂牛奶

50克黑巧克力，切碎

1—2汤匙砂糖

0.5茶匙香草精

迷你棉花糖，用于装饰

1　把牛奶、巧克力和1汤匙糖放入一个小炖锅。小火慢慢煮沸，经常搅拌，直到巧克力融化，糖溶解。

2　从火上取下来，加入香草精搅拌。尝一下热巧克力，如果需要的话再加些糖。

3　分倒入两个马克杯，上面放上迷你棉花糖，即可上桌。

在开放市场上购买的，经过精心挑选的优质可可豆制成。这场运动的核心是巧克力制造商。巧克力制作师用调温巧克力制作块状巧克力，而"可可豆到块状巧克力"的制造商则使用生可可豆，将其烘焙、研磨，最后制成巧克力。他们用这种方式控制整个制作过程，在每一个阶段都小心谨慎，使得最后制作出来的巧克力能够有效地体现可可豆丰富多样的口味。手工巧克力制造商会标明所用可可豆的生产国，如玻利维亚、委内瑞拉、秘鲁、越南和马达加斯加。此外，巧克力制造商会用特定品种的可可豆［比如克里奥罗、阿里巴和特立尼达］做试验，会制作单一可可豆品种的巧克力块，也会把各种可可豆混合在一起，以形成理想的味道。

在20世纪的北美，有两个重要人物是"可可豆到块状巧克力"的先驱。1999年，内科医生罗伯特·斯坦伯格（Robert Steinberg）和酿酒师约翰·夏芬伯格（John Scharffenberger）在加利福尼亚州的旧金山湾区用高品质的可可豆制作"可可豆到块状巧克力"。斯坦伯格很用心地采购可可豆，为了寻找有趣的可可豆品种，他去了厄瓜多尔等国家。夏芬伯格的影响力相当大，许多当代手工巧克力制造商都是受到他们的启发而创业。

事实上，现在手工巧克力制造商遍布世界各国，包括英国、法国和意大利。这些手工巧克力制造商中有许多都是小规模生产，他们用的是几磅的豆子，而不是几吨，因此才有了"微批量"或"小批量"巧克力这个术语。近年来，一个引人注目的趋势是，优质巧克力开始在出产可可豆的国家生产，而不是像以往那样在欧洲或美国生产。

越来越多的鉴赏家开始意识到，好的巧克力是多么迷人和多样化。国际巧克力竞赛已经设立，以鼓励可可豆种植者和巧克力制造商，并创造出一个对优质巧克力有鉴赏力和丰富知识的消费群。手工巧克力行业也在影响着大型巧克力制造商：例如，单源巧克力不再只是微批量生产商的专利产品，大公司也开始提供这种产品。

巧克力饮料

正如我们所见，长期以来，巧克力主要是以饮料而不是固体的形式被人们享用。用可可豆制成的巧克力饮料在玛雅文化中非常重要，在宗教仪式和宴会上，玛雅国王和贵族会饮用这种饮料。同样地，在阿兹特克文化中，巧克力饮料受到高度尊重，战士和阿兹特克贵族会饮用。巧克力是一种不含酒精的饮料，这一事实似乎是它比其他饮料更受重视的原因之一。"埃尔南·科尔特斯的一个同伴"撰写了一份关于阿兹特克人如何制作巧克力饮料的早期西班牙报告，并于1556年出版。这位匿名的编年史作者写道：

> 这些被称为杏仁或可可的种子被磨成粉末，其他的小种子也被磨成粉末，这些粉末被放在一侧有尖端的盆里，然后他们倒入水，用勺子搅拌。搅拌好之后，他们把液体从一个盆倒入另一个盆里，这样就会出现一些泡沫，然后他们把泡沫饮料倒入一个特制的容器里。当他们想喝的时候，就用金的、银的或木头的小勺子搅拌一下，然后喝下去。而且要喝这种饮料，人们得张开嘴，因为它有泡沫，需要留出足够的空间来让泡沫慢慢消解。这种饮料是世界上最健康的东西，也是你能喝到的最营养的东西，因为喝了这种饮料的人，无论走多远，都可以一整天不吃其他东西。

泡沫是玛雅人和阿兹特克人的巧克力饮料的一个重要元素。西班牙修士贝尔纳迪诺·德萨阿贡（Bernardino de Sahagún）根据自己的观察和广泛的采访，撰写了一部关于16世纪阿兹特克文明的精彩著作，他描述了阿兹特克巧克力商贩如何把饮料举得高高的，然后倒下去，形成许多泡沫。在一幅16世纪的后征服时期的插画中，一个站着的女人将盛有巧克力饮料的容器从齐肩高的位置倒入地上的另一个容器中。萨阿贡描述了一种精心制作的巧克力饮料，"只有贵族才喝得到：光滑、多泡、朱红色、纯净"。西班牙征服者也喜欢上了泡沫巧克力饮料。16世纪，西班牙人发明了一种巧妙的巧克力饮料起泡工具，被称为"莫利尼洛"（Molinillo）。这个装置由一根木棍和一些圆环组成，用来搅拌巧克力，产生泡沫，至今墨西哥人仍用这种工具来制作热巧克力。

玛雅人和阿兹特克人都以一种复杂而微妙的方式用珍贵的可可豆制作饮料。中美洲的巧克力中添加了各种各样的调味料，比如辣椒粉、香

草、蜂蜜和玉米等。萨阿贡记录了供应给阿兹特克统治者的巧克力饮料，给人一种很丰富的感觉："然后，他一个人在屋子里，仆人把他的巧克力送了过来：绿色的可可豆荚、蜂蜜巧克力、鲜花巧克力、用绿色香草调味过的巧克力、鲜红色巧克力、黑巧克力、白巧克力。"

当巧克力被引入欧洲时，它最初是一种宫廷饮料，为当时的社会精英所享用。欧洲皇室，其中包括法国皇后玛丽亚·安东尼特（Marie Antoinette），雇用了专业的巧克力制作师来为他们制作这种新鲜的时尚饮料。

在英国汉普顿皇宫，一间"失传"的皇家巧克力厨房于2013年被重新发现，并于2014年向公众开放。记录显示，在18世纪，国王乔治一世的私人巧克力制作师托马斯·托希尔（Thomas Tosier）曾在这里为国王陛下制作热巧克力。

玛雅人和阿兹特克人都以一种复杂而微妙的方式用珍贵的可可豆制作饮料。中美洲的巧克力中添加了各种各样的调味料，比如辣椒粉、香草、蜂蜜和玉米等。

尽管文化和时代背景不同，用可可豆制作巧克力饮料的方法都惊人的相似。先将可可豆进行烘焙，然后磨成粉末状或糊状，再与热水或牛奶（欧洲的创新）等液体混合，一起搅拌，使可可溶解，产生泡沫。在中美洲，人们会把其他调味料的粉末添加到这种欧洲的饮料中。可可豆天然呈苦味，西班牙人首先用另一种昂贵的原料——糖使热巧克力变甜。人们还会加入各种香料，比如多香果、生姜或特别受欢迎的肉桂。还会加入一些鲜花提取物，比如橙花水或玫瑰水，还有杏仁、榛子和核桃等坚果粉。为了使热巧克力更加奢华和特别，人们还会加入龙涎香或麝香等昂贵的原料。

其中一种著名的宫廷风味饮料是茉莉花味的热巧克力，托斯卡纳大公科西莫·德美第奇（Cosimo Ⅲ de'Medici）在1670—1723年间享用的就是这种饮料。这个配方是由内科医生和植物学家弗朗切斯科·雷迪（Francesco Redi）为科西莫三世（Cosimo Ⅲ）开发的，他生前一直对这个配方严加保密。

可可豆天然呈苦味，西班牙人首先用另一种昂贵的原料——糖使热巧克力变甜。人们还会加入各种香料，比如多香果、生姜或特别受欢迎的肉桂。

巧克力蛋糕

制作一个直径20厘米的蛋糕

准备15分钟

烹饪45—55分钟

100克黑巧克力，切碎

200克自发面粉，过筛

0.5茶匙小苏打

30克可可粉

225克软化的咸黄油，额外加些用于润滑

225克砂糖

4个鸡蛋

2汤匙牛奶或白兰地

自制的巧克力蛋糕总是一种美味。将蛋糕切片，配上一杯咖啡或茶，或者加上一些鲜奶油，作为一道甜点享用。

1　预热烤箱至175℃。在直径20厘米的圆形蛋糕模具里抹上黄油，铺上锡箔纸。

2　把巧克力放在一个耐热的碗里，悬空放在一锅沸腾的水上面（确保水不接触到碗）。慢慢加热，不时搅拌，直到巧克力融化。放到一边稍微冷却。

3　把面粉、小苏打粉和可可粉混合过筛。

4　把黄油和糖放入一个搅拌碗里，一起搅打。加入鸡蛋，每次加入1个，每次加入后搅拌均匀。如果混合物开始凝结，就加一点面粉。加入冷却后的融化的巧克力，搅拌均匀。

5　将筛过的面粉混合物倒入，搅拌均匀。加入牛奶或白兰地。将蛋糕糊倒入蛋糕模具中，烘烤40—50分钟，直至其膨胀并凝固。快烤好时，可以把一根竹签插入蛋糕中，如果取出来时竹签是干净的，蛋糕就做好了。从烤箱中取出，晾凉。

可 可

自制朗姆酒松露巧克力

制作26颗松露巧克力

准备25分钟，包含冷藏的时间

制作5分钟

225克优质黑巧克力，切碎
80毫升高脂厚奶油
3汤匙朗姆酒
可可粉，用于包裹松露巧克力

　　自己制作松露巧克力会令人感到非常满足。一定要用优质巧克力，这样做出来的松露巧克力会很美味，会令你的客人印象深刻。

1　把巧克力和奶油放在一个耐热的碗里，悬空放在一锅沸腾的水上面（确保水不接触到碗）。慢慢加热，不时搅拌，直到巧克力融化。

2　加入朗姆酒，搅拌均匀。放在一边冷却，然后放入冰箱冷藏至少1—2个小时，使混合物凝固。

3　每次取一茶匙巧克力混合物，用沾了少许油的手把它们逐个捏成小而圆的松露巧克力。成型后，用可可粉轻轻包裹住巧克力。盖上盖子，放入冰箱冷藏，到时取出即可食用。

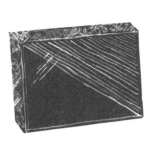
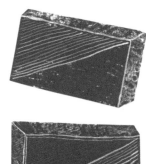

在他去世后，这个秘方被人发现，这种饮料中加入了新鲜的茉莉花、麝香、香草和龙涎香。

在意大利的都灵，人们还见证了两种时尚饮料，热巧克力和咖啡的结合，即巧克力咖啡。据说，巧克力咖啡是由18世纪的一种名为巴瓦莱莎（Bavareisa）的饮料演变而来的，巧克力咖啡是由浓缩咖啡、热巧克力和牛奶精心分层组合而成，以盛放它的无把手小杯子命名。法国小说家大仲马是这种饮料的著名崇拜者之一。如今，来到都灵的游客可以去一趟比塞林咖啡馆（Caffè al Bicerin），这是一家创立于1763年的历史悠久的咖啡馆，它已经成为这种著名的都灵饮料的代名词。

17、18世纪时，热巧克力在欧洲的社会地位如此之高，以至于法国人发明了一种名叫"chocolatières"的特殊巧克力壶，用来盛放这种饮料。这种细长的带有嘴的容器有一个显著特点，就是它们的盖子上有一个小洞，可以往里面插入一根木棒，以便随时搅动饮料，使饮料混合均匀且拥有泡沫。这些容器通常由银或陶瓷制成，材料的价值反映了它们的稀缺性和所盛放饮料的价值。

除了巧克力壶之外，喜爱热巧克力的国家也生产特殊的饮用器皿。这一习俗起源于拉丁美洲，当地人用挖空的椰子来盛放巧克力，其中最精致的会用银边和银手柄装饰，放在银底座上。17世纪40年代，秘鲁总督曼塞拉侯爵（Marquis of Mancera）指示利马的银匠们制作出了后来被称为曼塞里纳（Mancerina）的东西，这是一个中间有一个项圈状圆环的小盘子，可以安全地托住盛放巧克力饮料的器皿，使巧克力不会溅出来。

17世纪晚期，法国发明了颤杯，呼应了这种实用的想法。这是一种较深的弧形茶托，中间有一个凹槽，可以安全地托着与之相配的杯子，茶托上装饰着灵感源自时尚织物的图案。瓷器制造商塞夫勒（Sèvres）和梅森（Meissen）制作出了精美的颤杯，现在都是博物馆和画廊的收藏品。

1828年，荷兰科学家昆拉德·约翰内斯·范豪滕（Coenraad Johannes Van Houten）发明了一种液压机，可以把可可脂从烘焙过的可可中分离出来，留下"可可"，然后将可可磨成粉末。人们很快意识

到，只要加入水或牛奶，就能迅速、轻松地把磨碎的可可粉制成美味的暖身饮料。很快，甜可可粉开始工业化生产，这使得过去几个世纪里一直是昂贵奢侈品的热巧克力成为人们日常消费得起的饮料。

巧克力制作师

"巧克力制作师"这个词是用来描述用巧克力制作像松露巧克力糖等类似糖果的人。这是一个法语单词，反映了巧克力在法国社会的历史重要性。在法国，可可和巧克力有着悠久的传统。蒙马特郊区大街上有一家巧克力商店，名叫"家母甜点"（Mère de Famille，建于1761年），常被称为巴黎最古老的巧克力商店，现在还在出售巧克力和其他糖果。

18世纪时，法国西南部的巴约讷市成为巧克力知识的中心，并且成立了巧克力制作师协会。如何将可可豆变成热巧克力的知识是由逃离西班牙和葡萄牙迫害的伊比利亚犹太人带到巴约讷的。这座城市设立了巧克力工坊，到1875年，这里已经有30多位巧克力制作师。

如今，各个机构把制作巧克力的技能传授给了他们的学生，其中最著名的是位于法国东南部坦耶尔米塔格的法芙娜顶级巧克力学校。优质巧克力拥有市场意味着你可以在法国各地的高级商店里找到出售手工巧克力的巧克力制作师。

巧克力制作师使用的是调温巧克力。这是一种可可脂含量很高的优质巧克力，专供专业的糕点师和巧克力创作师来制作巧克力制品。将调温巧克力转变成巧克力精品店里出售的巧克力需要相当高超的技巧。在专业人士使用的技巧中，有一种技巧叫作"调温"。这个过程是生产小块巧克力、模制巧克力、装饰巧克力和巧克力块的关键。调温是指让巧克力经历从加热到冷却、再到加热的一系列温度变化，这个过程遵循着所谓的"调温曲线"；根据巧克力的类型（黑巧克力、牛奶巧克力或白巧克力）不同，经历的温度范围也不同。这个过程远比简单地融化巧克力要复杂得多，它重新排列了巧克力内部的晶体结构，使其能够接受适当的加工。调温过的巧克力很脆，可以成功地定型，并拥有诱人的光泽。

传统上，调温的过程是把巧克力隔水加热或用水浴法加热，直到达到某个温度，然后把大部分巧克力倒在一块大理石板上，用一把铲刀迅速将大部分巧克力抹开，直到其温度冷却到一个点，然后将剩下的温热的巧克力和冷却的巧克力混合，以达到最终所需的温度点。一些巧克力制作师仍然保持这种手工传统，以这种方式进行调温，并通过用上唇触碰巧克力来测试它是否已达到了理想的温度。另一种调温方法被称为"播种法"，这是一种将切碎的巧克力和融化的巧克力按一定比例相互添加的过程，目的是创造出所需的调温曲线。如今，许多手工巧克力制作师会使用调温机，使巧克力经历所需的温度循环。

巧克力制作师会用调过温的巧克力制作巧克力作品，比如给巧克力酱、焦糖、水果糖、坚果、果仁糖或裹上糖霜的果皮加上巧克力涂层。一层精致的巧克力涂层会给人带来与内馅对比鲜明的口感和味道。传统

热巧克力酱

6人份

准备5分钟

烹饪5分钟

这种热巧克力酱用处很多，可以学一学，它制作起来又快又容易。可以配上香草冰激凌，成为一道简单又美味的甜点，也可以用来装饰自制的香蕉船[①]。

55克咸黄油

25克可可粉

55克纯巧克力，切碎

115克糖

125毫升高脂厚奶油

0.5茶匙香草精

1　把黄油放入一个厚底炖锅，开小火慢慢融化。拌入可可粉，搅拌均匀。

2　加入巧克力、糖和奶油，小火加热，搅拌，直到混合物变稠、沸腾。

3　把锅放到一边，加入香草精，搅拌。立即上桌。

① 香蕉船：将香蕉纵向剖开，加进冰激凌、果仁等做成的甜食冷盘。

的甘纳许①通常是用酒来调味的，比如白兰地或香槟，而今天的巧克力制作师则是发挥想象力来调味，常会使用盐或味噌等调味料。调温巧克力也用于造型，可以制作成节日主题的各种经典形状。让巧克力爱好者高兴的是，在一位优秀的巧克力制作师手中，巧克力具有无尽的创造力。

传统的甘纳许通常是用酒来调味的，比如白兰地或香槟，而今天的巧克力制作师则是发挥想象力来调味，常会使用盐或味噌等调味料。

庆祝用巧克力

吃巧克力（而不是喝巧克力）风潮的兴起，使得它被用来创造季节性的新奇事物。巧克力具有非凡的可塑性，这意味着它可以被制作成各种各样的形状，很适合用于庆祝。

在西方，复活节彩蛋是丰饶的象征，从很早之前开始，人们就会在这个春天的节日里吃复活节彩蛋。以前，人们用真正的彩蛋来庆祝复活节，从希腊的红鸡蛋（把煮熟的鸡蛋染成红色）到波兰装饰精美的彩蛋。然而，在19世纪，欧洲人开始用巧克力制作复活节彩蛋。在英国，第一个商业化生产巧克力复活节彩蛋的是巧克力制造商 J. S. 福莱父子公司。两年后，他们的竞争对手吉百利也开始效仿。最初，复活节彩蛋是针对成人市场的一种昂贵的奢侈品，但从20世纪50年代开始，巧克力制造商开始为儿童生产巧克力复活节彩蛋。如今，巧克力彩蛋取代了真正的蛋，被视为复活节的重要组成部分。另一个重要的基督教节日圣诞节也见证了节日巧克力产品的兴起，比如巧克力圣诞老人、箔纸硬币巧克力和巧克力降临节日历。

在西方，另一个与巧克力相关的重要节日是情人节。长期以来，人们认为巧克力具有催情功效，能给人带来快感，这意味着在这个浪漫的日子，这是一份适合送给爱人的礼物。在这个节日里，无论是实心巧克力还是空心巧克力，大多都被做成了心形，而且装巧克力的盒子也

---

① 甘纳许：是一种由巧克力和鲜奶油组成的柔滑的奶油，主要用于夹心巧克力的软心和一些糕点之用。

是心形的，如今盒子通常是红色的，可以在里面装上精选的松露巧克力。历史上第一个心形巧克力盒是由吉百利公司的理查德·卡德伯里（Richard Cadbury）创造出来的，他在1868年制作出了一个心形的装饰性"礼品盒"。如今，西方的大型巧克力制造商和手工巧克力制作师都会为情人节、复活节和圣诞节生产一系列富有想象力的巧克力作品，这些古老节日期间的销售额是每年商业盈利的重要组成部分。

烹饪巧克力

巧克力被广泛应用于专业厨房和家庭厨房。作为一种配料，巧克力受欢迎的原因之一是它的用途很多。它拥有一种独特的、可辨认的、备受喜爱的味道，同时也能与许多其他味道很好地融合，从浓烈的咖啡、薄荷或辣椒，到微妙的柑橘、香草或覆盆子。它是一种有很多用法的食材，能够站在舞台的中心，也可以做一个小小的配角。

然而，以巧克力为原料的经典美味食谱屈指可数。其中最有名的一道来自墨西哥（考虑到巧克力的阿兹特克血统），名叫墨西哥辣味巧克力酱），这是一种香料丰富的酱汁，用少量高可可含量的巧克力调味。意大利有酸甜酱，通常与鹿肉一起食用，酱汁中也含有黑巧克力。然而，总的来说，巧克力比较多用在甜味的食谱中。

当然，如今巧克力被广泛用于生产各种糖果，从超市里出售的普通巧克力到高级巧克力精品店里的精致手工点心。巧克力种类繁多，这体现了人类的创造力和我们对巧克力的喜爱。固体巧克力可以成功地融化成液体（能够凝固，再次变成固体）是使用巧克力的关键。可以简单地把巧克力或坚果、葡萄干、裹上糖霜的果皮等配料倒入模具，做成巧克力块，或用精油调味，例如，薄荷、橘子或最近流行添加的辣椒，来制作出美味的巧克力。巧克力夹心糖是用融化的巧克力包裹上各种配料制成的，比如坚果、威化饼干、焦糖、软糖馅料、葡萄干、裹上糖霜的水果、果仁糖或包裹着利口酒的糖果。松露巧克力是一种奢侈的巧克力糖果，传统上丰富的内馅是用甘纳许（巧克力和液体的组合，通常是奶油）

可以简单地把巧克力或坚果、葡萄干、裹上糖霜的果皮等配料倒入模具，做成巧克力块，或用精油调味，例如，薄荷、橘子或最近流行添加的辣椒，来制作出美味的巧克力。

石板街

制作12份

准备10分钟，加上冷却和冷藏

烹饪5分钟

115克黑巧克力，切碎

175克牛奶巧克力，切碎

75克咸黄油

115克迷你棉花糖

50克切碎的烤杏仁

　　石板街制作起来又快又简单，总是很受家人和朋友的欢迎。迷你棉花糖和松脆的坚果不仅增加了口感和味道，还让这种糖果呈现块状，它幽默、独特的名字就体现了这一点。

1　在边长20厘米的方形蛋糕模具底部铺上烘焙纸。

2　将黑巧克力、牛奶巧克力和黄油放在一个耐热的碗里，然后把碗悬空放在一锅沸腾的水上面（确保水不接触到碗）。慢慢加热，不时搅拌，直到巧克力融化。

3　稍微晾凉后，加入迷你棉花糖和杏仁，搅拌均匀。把混合物倒入准备好的盘子里，摊开。

4　盖上盖子，放入冰箱冷藏。冷藏好后，取出切成12份大小均匀的小份，即可上桌。

可 可

制成的，常用白兰地或香槟等酒调味，外面裹上一层巧克力、可可粉或切碎的坚果。

在糕点师的世界里，学习如何加工巧克力，运用诸如调温（见第189页）和造型等技术，是一项必须掌握的技能。许多手工巧克力制作师一开始都是糕点师，后来才迷上了挖掘巧克力制作的潜力。

不管是在专业厨房还是家庭厨房，融化巧克力的时候，重要的是要知道巧克力对热量非常敏感。巧克力需要缓慢、低热融化，如果温度过高，它就会变得黏稠、结块。因此，融化巧克力最安全的方法是放在一个锅里，悬空放在沸腾的水面之上。另一件需要记住的事情是，如果融化的巧克力接触到水，就会"结块"，变成颗粒状。烘焙中通常会用可可含量高的黑巧克力，而不是牛奶巧克力，因为它的巧克力味更浓厚。尽管加工巧克力会遇到

> 烘焙中通常会用可可含量高的黑巧克力，而不是牛奶巧克力，因为它的巧克力味更浓厚。

技术上的挑战，但糕点师喜欢制作它，因为可以发挥自己的创意。法国美食拥有悠久灿烂的糕点传统，创造出了许多备受瞩目的巧克力点心。一家不错的法国面包房会出售巧克力面包，是用塞满黑巧克力内馅的牛角面包生面团做成的，非常适合与牛奶咖啡一起享用。巧克力泡芙是另一种法国经典食品，它是用一种管状的泡芙面团制成，里面注满了鲜奶油，上面撒上巧克力糖霜。圣诞节的时候有圣诞树干蛋糕，是一个引人注目的原木形状的蛋糕，巧妙地涂上棕色巧克力糖霜，看起来像一根木头，用杏仁糊、冬青树叶和一朵朵蛋白糖霜装饰。

国际烘焙界广泛地使用巧克力和可可粉。它们的流行用途之一是制作巧克力蛋糕，自制巧克力蛋糕（见第185页）是许多人童年时期的点心。奥地利著名的萨赫蛋糕（Sachertorte）是一种特别优雅的巧克力蛋糕，这种蛋糕填充或覆盖有杏子酱，外面有一层光滑的巧克力糖霜。1832年，一位名叫弗朗茨·萨赫（Franz Sacher）的糕点师为德国奥地利外交官文策尔·冯·梅特涅（Wenzel von Metternich）举办的晚宴制作了这种蛋糕。萨赫的儿子爱德华在萨赫酒店出售这款蛋糕，把它介绍给了更多的顾客。这种蛋糕已经成为奥地利美食的象征，直到今天，在维也纳历史悠久的咖啡馆里还能吃到配有鲜奶油的萨赫

蛋糕。

邻近的德国有黑森林奶油蛋糕，它是以制作蛋糕时使用的黑森林地区的酸樱桃酒命名的。这是一个引人注目的作品，呈现为多层巧克力海绵蛋糕，由在樱桃酒里浸泡过的樱桃以及鲜奶油组成，用樱桃和巧克力屑装饰。这种蛋糕看起来和吃起来会给人一种极致美味的感觉。

在美国，拥有别出心裁名字的"恶魔蛋糕"是另一种引人注目的巧克力蛋糕，它是三层巧克力海绵蛋糕，一层一层地叠在一起，每一层之间和外面有大量的巧克力糖霜。布朗尼是美国烘焙巧克力的另一个标志性产品，有人把它描述成一种条形曲奇，有人将其描述成一种甜点。1896年，芬妮·法默（Fannie Farmer）出版了一本颇有影响力的图书《波士顿烹饪学校食谱》（*Boston Cooking-School Cook Book*），其中首次公开了布朗尼蛋糕的食谱，配料中有糖浆。随后，在1905年，她出版了一本修订版，配料中的面粉量少了很多。布朗尼的理想质地引发了很多讨论，从中间松软湿润，到更干更像蛋糕，意见各不相同。如今，无论是在家庭厨房（见第175页）还是在专业厨房，很多人都会制作布朗尼。曲奇的食谱也会以各种方式用到巧克力。现在，除了美国，还有许多其他国家也很喜欢巧克力曲奇（见第165页）。而在英国，拥有巧克力涂层的消化饼干（由燕麦制成）很受欢迎。

甜点界也广泛使用巧克力，巧克力舒芙蕾是一道法国经典甜点。它拥有浓厚的巧克力味和轻盈的口感，口感轻盈是因为加入了打发过的蛋白，从烤箱里取出来后就可以直接享用。另一道由巧克力和鸡蛋制成的法国甜点是巧克力慕斯，如果做得好，它的质地会很轻盈，但口感会非常丰富。在经典的法式风格中，巧克力蛋挞将柔软丝滑的巧克力甘纳许馅料与酥皮结合在一起。精致美食界有法国著名厨师让-乔治·冯格里奇顿（Jean-Georges Vongerichten）推广开来的熔岩巧克力蛋糕。制作这道令人难忘的甜点需要算准时间，以确保外面熟了，而中间依然是液态。

当然，巧克力是一种非常受欢迎的冰激凌口味，从精致的黑巧克力冰糕到以牛奶为基底，加入巧克力块、坚果或曲奇饼等配料的巧克力冰激凌，都含有巧克力。给香草冰激凌增加巧克力口味的一个简单而有效的方法是配上巧克力酱（见第190页），两种口味和口感的对比是它如

此吸引人的部分原因。

虽然现在巧克力已经很普遍，而且比以前更便宜了，但它仍然被视为一种美味。正是这种"特别地位"使得晚餐派对会以松露巧克力圆满结束，这是一道很适合与朋友一起享受和品味的甜点。

当然，巧克力是一种非常受欢迎的冰激凌口味，从精致的黑巧克力冰糕到以牛奶为基底，加入巧克力块、坚果或曲奇饼等配料的巧克力冰激凌，都含有巧克力。

番 茄

如今，番茄被认为是一种日常食材，它起源于南美洲的一种野生植物。番茄种植已被引入各大洲，但人们接受它经历了一个漫长的过程。这种新奇植物的果实鲜艳夺目，人们曾经用怀疑的眼光来看待它，而且最初常常把它当作一种奇异的装饰性植物，而不是一种有用的农作物进行种植。

栽培番茄（Domestic tomato）的祖先是一种野生植物，会结出红色的豌豆大小的小果实，被称为醋栗番茄，属于茄科，与土豆、辣椒和茄子有亲缘关系。它是一种生命力强、耐寒的植物，能够在各种气候和天气条件下茁壮成长，至今秘鲁的野外仍然生长着这种植物。栽培番茄就是从这种植物进化而来的。野生番茄被带到墨西哥北部，已知最先种植它的是阿兹特克人。

"番茄"这个词是阿兹特克人在其历史上所扮演角色的语言学遗产。在纳瓦特尔语（Nahuatl，阿兹特克人所说的语言）中，"xitomatl"一词的意思是"饱满的果实"。16世纪，西班牙人征服了阿兹特克帝国，并将这种新奇的红色水果命名为"xitomatl"，"番茄"一词也是由此而来。1529年，西班牙牧师贝尔纳迪诺·德萨阿贡（Bernardino di Sahagún）前往新西班牙，在他的著作《新西班牙事物通史》（*The General History of the Things of New Spain*）中，他写下了自己眼中特诺奇蒂特兰的一个大市场。在书中，他描述了一种鲜艳的水果，颜色深浅不一，有黄的，有红的，人们认为他描述的这种水果是番茄或粘果酸浆（墨西哥绿皮番茄）。虽然目前还不清楚番茄是如何从墨西哥传到欧洲的，但人们认为是西班牙人把这种植物带到了欧洲。欧洲关于番茄的最早记录出现在意大利医生和植物学家彼得罗·安德烈埃·马蒂奥利（Pietro Andrea Mattioli）于1554年撰写的《随记》（*Commentarii*）中。他提到，近期意大利开始种植一种新植物，他称之为金苹果（*Mala aurea*），翻译成意大利语是"pomi d'oro"。马蒂奥利将这种植物归为曼德拉草家族的一员，他描述了这种植物的果实有一端是扁平的，就像苹果一样，成熟的过程中它会从绿色变成金色。这种描述表明这些早期的番茄品种是黄果，不过后来马蒂奥利也提到过一个红色的品种。

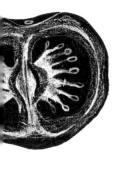

在欧洲，番茄的早期历史中有很多民间传说和迷信观念。番茄在植物志中的名字是"金苹果"，这个名字使它与古希腊神话中赫斯帕里得斯花园（Garden of the Hesperides）里的金苹果联系了起来。与许多异国新食材一样，人们认为它拥有神秘的力量，其中包括催情的功效，也许是因为它最初与曼德拉草（这种植物的根被认为拥有魔力，可以催情）有联系。一幅草本植物插画（1550年至1560年间）中有一株番茄，标题是"Poma Amoris"，意思是"爱的苹果"。几个世纪以来，英国人一直用这个词指代番茄，而法国人则把番茄称为"pomme d'amour"。

人们最初对番茄的看法也确实有些阴暗。在引入它的许多国家，人们在很长一段时间里对它持怀疑态度。作为茄科植物的一名成员，它与同一科的颠茄非常相似。几个世纪以来，番茄植株的各个部分（果实及其气味浓烈的叶子和茎）都被认为是有毒的。它的植物学名称"*Lycopersicon*"翻译过来是"狼桃"，暗示了它与狼人的民间传说有关。在欧洲，番茄经常被当作一种观赏植物种植，人们喜欢它是因为它拥有引人注目的外观和色彩鲜艳的果实，而不是因为它在烹饪方面的吸引力。即使在人们知道这种水果可以食用之后，他们也常常明显缺乏热情。意大利博物学家科斯坦佐·费利奇（Costanzo Felici）在16世纪60年代末撰写了关于番茄的文章，他写道："我觉得，比起吃，番茄更适合用来观赏。"草药学家约翰·杰勒德（John Gerard）于1597年撰写了颇具影响力的《英国草本志》，他写道："在斯佩恩（Spaine）和那些炎热的地区，人们过去常食用胡椒、盐和油脂煮过的番茄，但番茄几乎无法为身体提供营养，没有价值，容易腐烂。"然而，渐渐地，人们对番茄的戒心开始减轻。18、19世纪，欧洲各国开始更广泛地种植和

西班牙番茄冻汤

6人份
准备10分钟，加上至少冷藏
3—4个小时

800克成熟番茄
1瓣大蒜，去皮切碎
1个红葱头，去皮切碎
1根红辣椒，切碎
半根黄瓜，切碎
4汤匙橄榄油
2汤匙红酒醋
盐和糖，按个人口味
150毫升冷水，按个人口味

装饰性配菜
四分之一根黄瓜，切成小块
半个青椒，切成小块
一些油炸面包丁

这道经典的西班牙菜用生番茄来制作清凉的冷汤，是炎炎夏日里的完美食物。尽可能用成熟度最高、最美味的番茄。

1 把番茄放在一个耐热的碗里，倒满沸水，静置1分钟。把番茄沥干，剥掉松弛的外皮。

2 把去皮的番茄、大蒜、红葱头、红辣椒和黄瓜放入食品料理机中，搅打成细碎块，保留一些食材本身的质感。加入橄榄油和醋，用盐和糖调味，再稍微搅打一下。如果需要的话，可以加一点冷水来达到想要的口感。盖上盖子，冷藏3—4个小时（最好隔夜）。

3 点缀上新鲜的黄瓜、青椒和油炸面包丁，即可上桌。

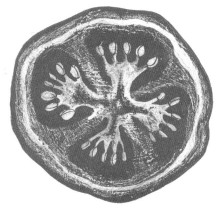

番茄

食用番茄。在法国有关烹饪的传说中，是马赛人在1790年到巴黎参加联盟节（Fête de la Fédération，为庆祝1789年法国大革命而设立的节日）时，开始敦促巴黎市场的种植者种植番茄。当时，法国南部种植着这种植物，番茄在那里很受欢迎。

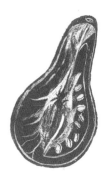

尽管一开始人们对番茄的态度有所保留，但它却传遍了全球。西班牙人不仅把番茄传入了欧洲，而且通过他们在佛罗里达州、新墨西哥州、得克萨斯州和加利福尼亚州的殖民地把番茄传入了北美。记载北美番茄的最早文献是草药学家威廉·萨蒙（William Salmon）的著作《植物全书》（Botanologia）。到18世纪中叶，卡罗来纳州开始种植番茄，有文献证明当时人们是把番茄当作可食用作物，而不仅仅是观赏植物来种植的。

美国种植番茄很早的一个人是托马斯·杰斐逊，他很有远见，1809至1820年间在蒙蒂塞洛（Monticello）的菜园里种植了番茄。在民间流传的有关番茄的传说中，美国总统杰斐逊被认为是弗吉尼亚州林奇堡第一个吃到番茄的人。关于塞勒姆（Salem）的著名法官罗伯特·吉本·约翰逊（Robert Gibbon Johnson），也有一个类似的故事。传说约翰逊在自家花园里种了番茄，1820年的某一天，为了证明番茄可以安全食用，他在法院台阶上当众吃了一个番茄。不论真假，这些故事的存在表明了人们最初对番茄持有怀疑的态度。

19世纪40年代，美国番茄罐头的发展促进了番茄的普及，随着内战的结束，该行业迅速发展。到19世纪中期时，番茄在北美已经成为一种比较常见的食物，当时的食谱中出现了烹饪番茄的各种方法，如炖汤、和鸡肉一起烹制、腌制或烘烤。当然，番茄（以番茄酱的形式）在今天被很多人视为生活中不可缺少的一部分。

到19世纪中期时，番茄在北美已经成为一种比较常见的食物，当时的食谱中出现了烹饪番茄的各种方法，如炖汤、和鸡肉一起烹制、腌制或烘烤。

西班牙人和他们的邻居葡萄牙人将番茄传到世界各地。西班牙人把番茄传入了加勒比地区和菲律宾，经典的菲律宾菜，比如酸鱼汤和猪肉酸汤都使用了番茄。葡萄牙人还将番茄带到了印度。欧洲和世界其他国家之间贸易路线的兴起也促进了番茄在全球的传播。

番茄在家庭和专业厨房里用途广泛，再加上它能成功、有效地以多种方式被储存起来，所以它在全球得以传播，并获得青睐。如今，许多国家大面积高效地种植着番茄，而且现在人们把番茄当成一种日常食材，不像过去那样认为它是一种稀奇的新鲜玩意儿。

水果还是蔬菜

只要探索番茄及其历史，就会遇到这个问题：番茄是水果还是蔬菜？从植物学上讲，番茄是一种浆果或水果，因为它符合由被子植物（开花植物）的子房形成结种子的结构这条定义水果的标准。1597年，当番茄在欧洲还是一种新奇的植物时，草药学家约翰·杰勒德就描述过番茄这种"水果"。如前所述，"爱的苹果"是欧洲人对番茄的早期称呼。

番茄是水果还是蔬菜的问题在19世纪的美国具有重要的法律意义。约翰·尼克斯（John Nix）是纽约市的新鲜农产品进口商，他的批发公

司是新鲜农产品市场的主要参与者。1886年，尼克斯开始从西印度群岛进口番茄到纽约。1883年的关税法案规定，对进口蔬菜（不对进口水果）征收10%的关税，尼克斯的番茄就被征了这笔税。尼克斯抗议说这项税不公平，说番茄是水果，不是蔬菜。1887年，尼克斯对纽约港的征税人爱德华·L.赫登（Edward L.Hedden）提起诉讼，要求退还关税。尼克斯起诉赫登一案通过司法系统进入最高法院。1893年，霍勒斯·格雷（Horace Gray）法官递交了关于此案的最高法院裁决：

> 从植物学角度来说，番茄是一种藤蔓植物的果实，就像黄瓜、南瓜、黄豆和豌豆一样。在人们（不论是销售者还是消费者）的共同语言中，所有这些都是蔬菜，它们生长在菜园里，像土豆、胡萝卜、欧洲防风草、芜菁、甜菜、花椰菜、卷心菜、芹菜和生菜，无论是煮熟后吃还是生吃，通常都煮在汤里，或作为鱼、肉的配菜，或在汤、鱼、肉之后上桌，是正餐的主要部分，不像水果，一般作为甜点。

尼克斯输了官司，番茄在当时当地的法律上被认为是一种蔬菜。

番茄的种类

人类用几个世纪的时间培育出了番茄，使番茄形成了具有商业价值的特性，比如高产、耐寒、抗病能力，以及味甜、色彩鲜艳和口感好等特性。如今，番茄有成千上万个不同的品种，品种如此之多也增加了它在烹饪时的灵活性。举个例子，说到大小，厨师们有太多的选择。小而甜的樱桃番茄是很好的零食，可以加到沙拉里，也可以切成两半或切片，用来装饰开胃小菜。一般大小的番茄或李子形番茄是烹饪的好材料，通常用于制作番茄酱或番茄汤。大番茄，比如牛排番茄，很容易塞入馅料烹饪。此外，番茄有各种各样的颜色。除了常见的红色番茄外，还有淡黄色、亮黄色、粉色、绿色和略带紫色的"黑色"番茄。

从园艺的角度来看，番茄分为有限生长型和无限生长型，以及杂交和原种。有限生长型（也被称为灌木）番茄的植株不高，一旦顶芽上长出果实，就不再开花。所有的番茄都会在短时间内成熟，通常是一到两

番茄意面酱

4—6人份
准备5—8分钟
烹饪10—15分钟

这种简单易做的意大利面酱是用罐装番茄制成的，在繁忙的工作日里，它是在家里快速用餐的必备佐料。可以搭配意大利面和磨碎的帕尔玛奶酪。

1汤匙橄榄油
1个洋葱，去皮，切碎
1片新鲜或干燥月桂叶，或2—3小枝罗勒
1瓣大蒜，去皮切碎
400克罐装碎番茄
盐和现磨黑胡椒

1 往煎锅里倒入一些橄榄油，加热。然后加入洋葱和月桂叶。清炒2—3分钟，直到洋葱变软。加入大蒜炒香。

2 加入碎番茄，再加入新鲜的罗勒。煮开，改小火，煮5—10分钟，经常搅拌，直到汤汁稍微收干。用盐和黑胡椒调味。如果用了月桂叶，就挑出来扔掉。

3 如果想要口感柔滑的酱汁，可以用搅拌棒或搅拌机搅拌一下。

周，之后植株就会衰退，不再产出番茄。相比之下，无限生长型（也被称为藤蔓或单干式）番茄不断向上生长、开花，会持续开花，结出新的果实并成熟，直到它们因为霜冻或修剪停止生长。

杂交番茄是由两个纯系种子杂交产生的品种。一方面，种植者认为这类番茄具有很高的价值，因为这种番茄产量稳定，品质较好。另一方面，一代杂交番茄种子往往更贵，从一代杂交植株上取下来的种子不会长出纯种番茄——事实上，它们甚至可能不会发芽，因此它们的种植风险更大。

原种番茄

"原种番茄"（或"祖传番茄"）指的是传统的、开放授粉的番茄品种。"开放授粉"的意思是，这些植物的种子是纯育的，因此，如果一个人从原种番茄里取得了种子并播种，那么长出来的植物将结出纯种的番茄。年复一年，农民和园丁都是通过获取种子并进行播种来种植这种作物的。

"原种"或"祖传"被认为是世代相传的古老或历史性品种，但事实上，这些词汇没有法律意义。而且，关于番茄栽培品种要种植多少年才能被称为原种番茄，还存在很多争议。

种植者和消费者对原种番茄感兴趣，是出于一个简单但基本的理由——他们认为原种番茄比当代的杂交品种味道更好。这些老品种因其味道和颜色受到种植者的重视。因此，它们的种子被保存下来，并代代相传，使品种得以延续。

> 种植者和消费者对原种番茄感兴趣，是出于一个简单但基本的理由——他们认为原种番茄比当代的杂交品种味道更好。

而一代杂交品种是由农业综合企业开发的，为的是提高番茄的商业化特性，比如高产量或适合运输，番茄的味道并不是优先考虑的因素。潘尼斯之家（Chez Panisse）是从农场到餐桌烹饪的先驱。他们中的一些颇具影响力的厨师通过在菜谱中加入原种番茄，激发起了人们对这种番茄的兴趣。如今，在厨房里使用原种番茄被视为高品质烹饪的象征，消费者可以在农贸市场和高档食品店买到原种番茄。

原种蔬菜运动也蕴含了保护生物多样性的强烈愿望。人们意识到，如果过度依赖某种食物，那么当病害侵袭这种食物时，就会导致灾难发生。例如，19世纪40年代的爱尔兰马铃薯饥荒导致约150万人死亡或移民。此外，人们还希望能够保护农业遗产的丰富多样性。

1975年，密苏里州的一对年轻夫妇——黛安娜和肯特·惠利（Kent Whealy）创立了种子保存者交换中心，这是一个通过再生、分配和种子交换来保存原种植物品种的非营利组织。创建这个组织的出发点是希望能够把黛安娜祖母一直种植和保存的植物品种延续下来。当祖父去世时，黛安娜意识到，她只能采取行动来保存并分享祖父种植的植物种子，否则这份遗产将会消失。最早进入种子保存者交换中心的两种植物是：一种德国粉红色番茄和一种紫色的牵牛花。19世纪70年代，黛安娜的曾祖父母从德国的巴伐利亚州移民到美国的艾奥瓦州，他们将这两种植物的种子一起带到了美国。她的祖父在去世前不久将这两种植物的种子作为结婚礼物送给了她。黛安娜不仅想把种子保存下来，还想记录下与种子有关的故事——这些故事代表着与过去的联系，以及园丁和农民传承下来的地域感。

如今，种子保存者交换中心位于艾奥瓦州温纳希克县（Winneshiek County）的祖传农场，占地360公顷。该组织大约有1.3万名成员，保存着超过2万种不同的原种和开放授粉植物。它是美国最大的非政府种子银行。在种子保存者交换中心保存的众多原种番茄品种中，有布兰迪万番茄，它的起源可以追溯到1889年的俄亥俄州，是以切斯特县（Chester County）的布兰迪万河（Brandywine Creek）命名。它能产出深红色的大番茄，每个重225—350克，因其味道而闻名。

如今，种植者、餐厅老板、零售商和消费者对原种番茄有着浓厚的兴趣，许多种子公司都提供原种番茄的种子，他们的种子目录上写满了像非洲女王和迪克西金巨人（Dixie Golden Giant）这样能引起共鸣的名字。由于人们非常喜爱番茄，美国每年都要举办一系列的番茄节，庆祝各种各样的原种番茄品种。

种植番茄

番茄的种植规模值得注意，在世界上产量最多的蔬菜中，番茄名列前茅。根据最近的估算数据，全球番茄产量约为1.3亿吨，其中8800万吨被运往新鲜市场，其余4200万吨被进行加工。仅中国、欧盟、印度、

原种番茄沙拉

4人份

准备5分钟

这道简单诱人的沙拉既赏心悦目又美味可口。为了实现最好的口感，最好选择优质、成熟的原种番茄，最理想的是选择各种颜色和形状的番茄。

8—10个各式各样的原种番茄，
最好在室温下存放
3汤匙橄榄油
1汤匙雪利酒或白葡萄酒醋
一撮糖
盐和现磨黑胡椒
一把罗勒叶，或1汤匙切碎的
细香葱或欧芹

1　把番茄切成薄片，放入盘中。

2　把橄榄油、醋和糖混合在一起做成调料。用盐和黑胡椒调味。

3　把调料倒在番茄上，轻轻搅拌均匀。撒上罗勒叶、细香葱或欧芹，即可上桌。

番茄

美国和土耳其这五个国家或地区的番茄产量就占了全球番茄总产量的70%。在欧盟，番茄是产量最多的新鲜蔬菜作物。在美国，加州是番茄的主要供应商，种植着全国90%的加工番茄。

现代工业、农业技术的发展使番茄得以大规模地种植。作为一种亚热带植物，番茄需要充足的阳光。因此，气候温暖、干燥、阳光充足的地方，如西班牙、意大利和美国加利福尼亚，都可以种植番茄。在温带气候区，种植者可以利用温室或（最近发展起来的）塑料大棚来成功地种植番茄，这些温室或塑料大棚可以保护番茄免受自然因素的影响，并创造出它们所需的温度。不管在什么地方，商业种植者很快就能种植出番茄，要么是在室外种植，要么是在玻璃房或塑料大棚里种植。种植在玻璃房或塑料大棚里，种植者就能够控制种植环境。番茄通常是水培的，也就是说，没有土壤，种植在添加了营养液的沙子、砾石或液体中。通常番茄在还很硬、没熟的时候就被采摘了，然后被冷藏起来，并用乙烯气体催熟。像所有农民一样，番茄种植者面临着病虫害的挑战，如脐腐病、番茄枯萎病和腐霉根腐病。作物监测、化学和生物控制、良好的卫生环境、室内植物的良好通风以及使用抗病品种，这些都是番茄农业中用来减少威胁的方法。

在供应链的更专业的一端，有的种植者致力于生产高端的番茄——想达到极好的味道和质地——卖给餐馆和高档食品店。撒丁岛出现了一个有趣的种植趋势，即所谓的"冬季番茄"，在温和的冬季而非炎热的夏季种植卡蒙番茄（一家瑞士农业综合企业开发的品种）。在凉爽的温度下，依靠极少量的水分缓慢生长（植物承受着压力），长出了独特的食用番茄，其特点是果肉酥脆，味道丰富。

在温带气候区，种植者可以利用温室或（最近发展起来的）塑料大棚来成功地种植番茄，这些温室或塑料大棚可以保护番茄免受自然因素的影响，并创造出它们所需的温度。

对于喜欢番茄的家庭园丁来说，自己种番茄是一个吸引人的可行选择。首先，如果你种下的是种子，那么你可以选择一个有趣的品种，比如在超市里不容易找到的原种番茄。此外，种植番茄不需要很大的空间，可以种在一个大花盆或培养袋里。

作为种植者，首先要做的一个决定就是，选择种植无限生长型番

茄还是有限生长型番茄。如果你种下的是种子，需要把幼苗移植到小花盆里。如果你没有条件从种子开始种植番茄，那么你可以从园艺中心购买番茄幼苗。番茄幼苗应该在晚春时节，即最后一场霜冻之后，被种植在阳光充足、不受风雨侵袭的地方。如果你在一个容器里种植番茄，那么把它放在一个不受风雨侵袭的地方。番茄是饥饿的植物，需要经常施肥，尤其是种植在容器里的番茄。规律地浇水也很重要，因为不规律地浇水会导致番茄裂开，也会使其因为缺钙而生脐腐病。当你能够摘下并吃到一个真正新鲜的番茄时，你所付出的就会得到回报——这是生活中一种简单但最令人满足的乐趣。

保存番茄

当番茄结出果实时，它们的产量如此之高，为种植者提供了大量成熟、新鲜的番茄。接下来的问题是，如何妥善地处理这些非常容易腐烂、供应过剩的番茄。几个世纪以来，人们想出了各种各样的解决方案，用各种各样的方法来保存番茄。

意大利烹饪中保存番茄的方法特别丰富。这不仅反映了意大利人对番茄的喜爱，也反映了意大利人对食材的尊重和对浪费食物的厌恶。在夏季的意大利，人们种在花园里和小农田里的番茄在阳光下成熟，人们常常会举行一种家庭活动，那就是制作番茄泥。办法是用一个食物碾磨器碾碎大量的新鲜番茄，把它变成稠稠的、顺滑的番茄酱。每个家庭都有自己的番茄酱食谱，调味和制作方法会有所不同。一些家庭会把新鲜的番茄酱过滤后装瓶，然后放入热水中慢炖杀菌，而其他有些家庭会先把番茄煮过，然后再进行碾磨（或先进行碾磨后再煮），然后在热的时候倒进杀过菌的罐子，因为番茄的自然酸度是成功保存的一个重要因素。不管用什么方法，都是为了保存夏季收获的番茄，好在寒冷、黑暗的冬季以意大利面酱、汤、炖菜和豆类菜肴的形式食用。

在气候温暖的国家，保存番茄的一个简单而有效的方法是放在阳光下晒干。在意大利南部炎热的地区，番茄是一种传统美食，尤其是普利亚和西西里岛，以

在气候温暖的国家，保存番茄的一个简单而有效的方法是放在阳光下晒干。在意大利南部炎热的地区，番茄是一种传统美食，尤其是普利亚和西西里岛，以晒干的番茄闻名。

番茄沙拉酱

4人份

准备12分钟

这种用番茄和辣椒做成的辛辣佐料能很好地为烤肉、墨西哥玉米卷饼和鸡蛋类菜肴增添风味。或者,用墨西哥玉米片蘸着吃。

300克熟番茄

1根新鲜的墨西哥辣椒

半个洋葱,去皮切丁

1瓣大蒜,去皮切碎

4汤匙切碎的香菜

1个酸橙,榨汁

0.5茶匙孜然粉

盐和现磨黑胡椒

1　把番茄对半切开。用一把小而锋利的刀给番茄去籽,切下并扔掉含有籽的果肉。把剩下的紧实的番茄"壳"切成小块。

2　把墨西哥辣椒纵向切成两半。用一把小而锋利的刀,把辣椒里面的白色髓、籽和核都切下来扔掉,把辣椒蒂也切掉。把去籽的辣椒剁碎。

3　把切碎的番茄、墨西哥辣椒、洋葱、大蒜、香菜、酸橙汁和孜然粉放入碗中拌匀。用盐和现磨黑胡椒调味。立即上桌,或者,比较理想的是盖上盖子,在室温下放置1小时后再上桌。

番茄

晒干的番茄闻名。那里的人会把番茄切成两半，撒上盐以除去多余的水分和杀死细菌，然后放在炎热的户外晾晒几天。干燥的过程不仅改变了番茄的质地，使它从柔软、湿润变得坚韧、耐嚼，也增强了它们的味道，使它们可以安全保存几个月。在用晒干的番茄烹饪之前，应该先用温水浸泡，使番茄干水化变软。有一种流行的意大利式储存法，那就是在番茄干上涂上油和大蒜、香草等调味品，然后可以把这些涂了油的（Sott'olio）番茄干作为开胃菜食用。对于那些生活在没那么炎热、阳光不够充足的国家的人来说，可以把番茄切成两半，用盐腌制，然后放入烤箱，低温烘烤几个小时，也可以达到类似晒干的效果。晒红番茄（Sun-blush tomatoes）是一种很受欢迎的熟食，它是通过将番茄部分晒干而制成的，比传统的番茄干更多汁。另一种经典的意大利保存法是把番茄酱脱水，过去是把它放在太阳下晒，现在则是把筛过的番茄煮上几个小时，直到混合物变成一种浓稠的、干的、暗红色的团状物，也就是番茄酱，这样可以保存很久。长时间的慢炖还能浓缩和增强味道，所以烹饪很多菜肴（如炖菜或酱汁）时只需要加入少量的番茄酱，就可以达到效果。

在英国，制作番茄酸辣酱是一种消耗掉过多新鲜、成熟番茄的传统方法。"酸辣酱"这个词来源于印度语中的"chatni"，意为"辛辣的味道"。这个词和这道菜都是英国在印度的殖民者带回英国的。英国酸辣酱是用糖、醋和香料把苹果、番茄和黄瓜等易腐烂的食品加工成口感浓厚、柔和的酱料，这种酱料通常会带有一种香醇的味道，可以与冷盘、奶酪或馅饼搭配食用。在法式烹饪中，人们会用糖制作番茄酱来保存新鲜的番茄。番茄酸辣酱是用洋葱和香料调味的，实际上掩盖了番茄的味道，而法国果酱的制作传统则保留了成熟番茄的美妙味道。

番茄罐头便宜、方便、易于使用，已经成为世界各地厨房橱柜里的常备食品。商业罐装食品的起源可以追溯到18世纪末和19世纪初法国糖果制作师尼古拉·阿佩尔（Nicolas Appert）所做的实验性工作。1810年，阿佩尔出版了他的开创性著作《保存的艺术》（*L'Art de Conserver*），该书很快被翻译成英文并在英国和美国出版。这是他取得的重大突破，法国政府为他在这个领域所做的工作向他颁发了一笔奖金，因为当时法国正在寻找保存食物的方法来保证法国军队的正常饮

番茄汤

4人份

准备15分钟

烹饪32—35分钟

1汤匙橄榄油

1汤匙黄油

1个洋葱，去皮切碎

1根芹菜，切碎

1根胡萝卜，切碎

1枝百里香

少许干白葡萄酒

700克熟番茄，大致切碎

600毫升鸡汤或蔬菜高汤

盐和现磨黑胡椒

上桌时配上面包和黄油或热黄油吐司

装饰性配菜

稀奶油

切碎的细香葱

　　鲜亮的橙红色和怡人的味道，自家做的温暖的番茄汤总有一种吸引力。

1　往一个大炖锅里加入橄榄油和黄油。加入洋葱、芹菜、胡萝卜和百里香，轻轻翻炒2—3分钟，直到洋葱变软，散发出香味。加入白葡萄酒，大火煮1—2分钟。

2　加入番茄，搅拌均匀，倒入高汤。用盐和现磨黑胡椒调味。

3　煮沸，盖上锅盖，改小火，煮约25分钟。

4　让混合物稍微冷却一下，然后把它倒入搅拌机或食品料理机，搅打至顺滑。用细滤网过滤汤汁，微微加热。每一份番茄汤都用一圈奶油和少许香葱装饰。与面包、黄油或热黄油吐司一起上桌。

七种食材的奇妙旅行

食。阿佩尔的方法是把食物放在罐子里,密封好,然后把罐子放在水中加热。他的开创性保存技术很快被采用,并在19世纪商业瓶装和罐装工艺的兴起中发挥了核心作用。最初,由于劳动力和成本的关系,人们会用这种方法来保存芦笋或牡蛎等奢侈的食物。随着这项技术的普及和生产成本的降低,包括番茄在内的许多蔬菜都被制成了罐头。

在意大利,年轻的农业出口商弗朗西斯科·奇里奥(Francisco Cirio)发展出了保存水果和蔬菜的罐藏法,并于1835年在都灵创建了他的第一家罐头工厂。随着公司的发展,奇里奥在意大利南部投资,那里的气候和肥沃的土壤适合种植番茄,后来那里以番茄罐头闻名。李子形番茄外形细长,固液比较高,是最受欢迎的罐装品种。19世纪和20世纪,番茄罐头在意大利南部兴起,为当地社区提供了重要的工作机会。1861年意大利统一后,从1880年到1915年,意大利南部人过得非常艰难。在严峻的经济形势下,数以百万计的意大利人移居国外,移民往往来自贫穷的农村社区。据估计,在20世纪早期,大约有400万意大利人移民到美国。他们带来了祖国的食物,包括意大利面、橄榄油和番茄罐头。番茄罐头是一种价格便宜、容易运输、保存时间长的食物,他们可以用番茄罐头来制作自己怀念的菜肴,比如加番茄酱的意大利面。意大利南部气候炎热、阳光充足,是种植美味番茄的理想之地,时至今日,意大利番茄罐头仍是颇受欢迎的出口产品。

现在来介绍一下美国的罐头工业。大约在19世纪中期,哈里森·克罗斯比(Harrison Crosby)为促进番茄罐头的商业化做了很多工作。他是一个精明的商人,有独到的宣传方法,他把他的番茄罐头新样品寄给名人,包括总统詹姆斯·K.波尔克(James K.Polk)和维多利亚女王。1861年到1865年的美国内战被认为在普及番茄罐头方面客观上起了一定作用,因为在内战期间,许多士兵第一次接触到了罐头蔬菜。番茄罐头在美国成了一桩大生意。1870年时,番茄和玉米、豌豆一起,成为三种主要的罐装蔬菜。随着罐装技术的发展,番茄罐头变得越来越普遍,价格也越来越便宜。番茄能够用多种方式成功保存下来的特性,扩展了它的可利用范围和烹饪方法,毫无疑问,这是它获得成功的原因之一。

圣马尔扎诺番茄

在罐装的意大利番茄中，有一个品种特别受到独具慧眼的厨师的青睐，那就是圣马尔扎诺番茄。这是一种外观独特的番茄，深红色、形状狭长、呈锥形。这种番茄很可口，有着薄而易剥的外皮，味道又苦又甜，它也因为这种复杂的味道而受到人们的喜爱。它的酸度很低，果肉紧实，只包含有很少的种子。所有这些元素结合在一起，使它成为非常适合做成罐头的番茄，因为它在加工过程中能保持原来的味道和质地。

圣马尔扎诺番茄起源于意大利的一个小镇圣马尔扎诺苏尔萨尔诺（San Marzano Sul Sarno）。历史上，它生长在维苏威火山的肥沃土壤中。这个番茄种植区离那不勒斯很近，那不勒斯是比萨的发源地，这一点也很重要。传统上，被用来制作正宗的那不勒斯玛格丽特比萨的正是这种番茄。

圣马尔扎诺番茄在意大利烹饪传统中如此重要，以至于1996年，它被授予了"指定原产地保护"（DOP）的称号，其规则由圣马尔扎诺番茄保护协会执行。这些规则规定，圣马尔扎诺番茄必须在那不勒斯附近的特定地区种植，并详细说明了如何种植、何时采摘、如何收获（只能手工采摘）以及如何包装。圣马尔扎诺DOP番茄生长在肥沃的、富含矿物质的土壤里，这对于它们形成独特的风味非常重要。种植和收获这些番茄的成本很高，因为需要大量的劳动力，只有少数公司依然保持着传统的种植和收获方式。圣马尔扎诺番茄如此受欢迎，以至于出现了假冒的圣马尔扎诺番茄。真正的圣马尔扎诺DOP番茄罐头会贴上"圣马尔扎诺番茄"的标签，并带有DOP的标志。

地中海的番茄

"地中海饮食"一词立刻会让人联想起某些简单的食材：橄榄油、橄榄、豆子、全谷物、鱼、新鲜水果和蔬菜，包括番茄。曾经被人们怀疑的番茄现在在地中海地区占据着中心地位。在这个温暖、阳光充足的地区，番茄长得很好，结出的果实味道很好，有一种天然的甜味。在这里，番茄是一种重要的作物，商业种植者大规模种植，家庭园丁也

在花园和小块土地上种植，供家庭食用。无论是生吃还是熟食，新鲜的还是加工过的，番茄都经常出现在地中海地区的食谱中，为从芳香的摩洛哥塔吉到味道浓郁的意大利通心粉 [比如著名的博洛尼亚肉酱面（Tagliatelle al ragù）] 等各种菜肴增添了色彩和风味。

由于番茄在地中海地区非常重要，所以人们每年都要为它庆祝。最著名的庆祝活动是西班牙的番茄大战，每年8月的炎热夏天，瓦伦西亚的小镇布尼奥尔都会举行这个节日，这个节日的历史可以追溯到20世纪40年代。瓦伦西亚是一个主要的番茄种植区，所以举办一个节日来庆祝当地种植的番茄是很自然的。然而，人们并没有把注意力集中在番茄的美味上，在这场狂欢中，参与者会把柔软、熟透的番茄扔到空中，结果可想而知会是一团糟，街道上到处都是番茄和番茄汁。统计数据令人印象深刻：大约140吨的番茄被卡车运到镇上，作为"弹药"。在社交媒体时代，消息已经传开，这个传统活动现在会吸引大约5万名参与者，他们被建议穿上泳衣和护目镜，来参加这场"世界上最大规模的食物大战"。

意大利有一个更传统的以番茄为中心的节日，这个节日的主题是吃番茄，而不是扔番茄。意大利有着浓郁的地方美食，有一种被称为萨格里（Sagre）的小型社区节日的传统，通常以食物为中心，是这个地区的典型地方特色。那不勒斯附近会举行番茄节，庆祝当地重要的圣马尔扎诺番茄。

番茄酱

如今，鲜红色、甜味、黏稠的番茄酱在美国是一种无处不在的调味品，是汉堡、热狗和薯条等流行快餐的必备佐料。然而，它的起源可以追溯到几个世纪以前的亚洲，这个词来自中国厦门方言，意思是发酵的鱼酱，马来语中的"kecap"指的是发酵的酱汁。据说，在18世纪，欧洲商人在东南亚发现了这种酱，并将一种咸而辣、名叫"番茄酱"的调味品概念引入欧洲。

1747年，英国厨师汉娜·格拉斯（Hannah Glasse）出版了一本畅销烹饪书《平易简单的烹饪艺术》（*The Art of Cookery Made Plain and Easy*），后来这本书在美国很受欢迎。在第一版"适合船长的食谱"一章中，她介绍了"catchup"的制作方法，这是一种由啤酒、凤尾鱼、蘑菇、红葱头和香料制成的酱汁，装瓶后可以保存数月，因此它很适合在航海时食用。传统上，番茄酱是由多种配料制成的，包括蘑菇、牡蛎和核桃。用番茄制成的番茄酱正是从这种调味酱料的烹饪传统中产生的。

1812年，来自费城的科学家、医生詹姆斯·米斯（James Mease）在美国公布了名为"番茄或爱的苹果酱"配方，这是已知最早的番茄酱配方。它不含醋，却含有白兰地，有助于保存酱汁。威廉·基钦纳（William Kitchiner）的英文烹饪书《厨师的神谕》（*The Cook 's Oracle*）中有一份"番茄酱"的配方，由凤尾鱼和番茄制成。次年，他出版了一份不含凤尾鱼但含有醋的配方。此后，番茄酱的配方出现得越来越频繁。1824年，玛丽·伦道夫（Mary Randolph）出版了一本在美国很有影响力的食谱《弗吉尼亚主妇》（*The Virginia Housewife*）。书

番茄面包

制作8片
准备5分钟
烹饪5分钟

在这个经典的西班牙食谱中，用一些简单的食材——基本上就是面包和新鲜的番茄——就可以做出一种不可抗拒的小吃。作为开胃菜，配上饮料食用。

8片中等厚度的酵母面包
1瓣大蒜，去皮
4个成熟的番茄，对半切开
特级初榨橄榄油，用于浇在面包上
海盐，用于撒在面包上

1　预热烤架至高温。把面包片放在烤架上烤至金黄色，然后翻面烤至另一面也呈金黄色。另一种方法是，用中高火加热一个棱纹的煎锅，然后把面包片分批加热，直到面包片上出现棱纹，然后翻转煎另外一面。

2　用蒜瓣抹过每一片刚烤好的或煎好的面包。用番茄被刀切过的一面用力涂抹每一片面包，这样番茄的汁液就会渗进面包里。

3　在每一片面包上淋一点橄榄油，再撒上一小撮海盐。立即上桌。

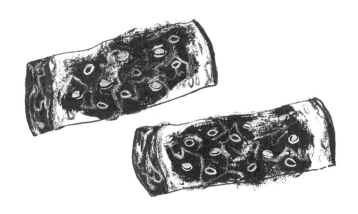

油炸绿番茄

4人份
准备5分钟
烹饪4—6分钟

　　如果你想知道如何烹饪植株上那些未成熟的番茄，那就可以用这种方法炸制质地紧致的绿色番茄，把它们变成一道美味的菜肴。配上培根和鸡蛋，是一顿简单但美味的早餐。

4个绿色番茄
3汤匙细玉米粉
1汤匙普通面粉
1茶匙砂糖
盐和现磨黑胡椒
2汤匙植物油
1汤匙黄油

1　把绿色的番茄切成厚片。把玉米粉、面粉和糖混合在一起。用盐和现磨黑胡椒给粉状混合物调味。

2　往一个大煎锅里倒入植物油和黄油，开中火加热，直到油起泡。把番茄片浸入玉米粉混合物，给番茄片裹上粉，抖掉多余的粉。

3　把刚刚裹好粉的新鲜番茄片放入锅中煎2—3分钟，然后用煎鱼锅铲小心地将其翻面，继续煎2—3分钟，直到两面都变成金黄色。立即上桌。

中"番茄酱"的配方如下：

> 采摘一些番茄，去掉茎，清洗干净。把它们放进没有水的锅里，加热，撒上几匙盐，沸腾一个小时，经常搅拌。先用滤锅，再用滤网过滤。加热液体，放入0.5品脱①切碎的洋葱，0.5盎司②的切碎的肉豆蔻。如果盐不够，再加一点，再加一汤匙黑胡椒粒。一起煮沸，直到刚好可以装满两个瓶子。用软木塞塞紧，在天气干燥的8月制作这种酱汁。

这些早期的番茄酱配方各不相同，无论是在配料方面，还是在制作方法方面，比如过滤或不过滤酱汁，都有差异。直到19世纪中期，糖才作为一种配料出现在番茄酱的配方中。

19世纪，不仅有公司商业化生产番茄酱，而且人们也会在家庭厨房里制作它。美国内战结束后，商业化生产的调味酱数量显著增加，番茄酱成为其中最受欢迎的一种。长期以来，番茄酱的生产与美国蓬勃发展的番茄罐头行业密切相关。最初，番茄酱只是番茄罐头的一个副产品，为的是让生产商用完原本会丢弃的番茄。1876年，亨氏公司开始生产自己的番茄酱，并于1906年生产出不含防腐剂的番茄酱。亨氏番茄酱广受欢迎，其独特的八角形玻璃瓶（1890年获得专利）、梯形标签和螺旋盖已成为一种标志。它至今还是美国最畅销的番茄酱，销量远远超过任何竞争对手，这种口感醇厚、咸甜口味的酱汁配方仍然是一个被严格保守的秘密。1896年，《纽约论坛报》（New York Tribune）上的一篇文章将番茄酱描述为美国的国家调味品，"这片土地上的每一张餐桌上"都能看到番茄酱的身影，现在的情况仍然与这份描述相符。

> 美国内战结束后，商业化生产的调味酱数量显著增加，番茄酱成为其中最受欢迎的一种。

---

① 1英制品脱约为0.568升。
② 1英制盎司约为28.41毫升。

烹饪番茄

尽管番茄刚被引进时，很多人认为它是一种新奇的舶来品，对它表示怀疑，但如今，番茄在世界各地的许多菜系中都占有重要地位。番茄拥有独特的天然酸甜味，而且多汁，这使它成为厨房里的一种有用的食材，经常被用来提升菜肴的口感。有趣的是，它可以成为舞台的中心，比如番茄沙拉、酿番茄或番茄汤，也可以做一个不起眼的小配角，稍微改变菜肴的颜色、质地或味道。番茄有很多种存在形式，新鲜的、罐头的、干的、番茄酱，毫无疑问，形式的多样性使它的用途更加广泛。

番茄是一种用途广泛的食材，可以生吃，也可以煮着吃。吃生番茄时，为了使其达到最佳的口感，可以在吃之前把它们从冰箱里拿出来，让它们恢复到室温，因为冷藏会减淡它们的味道。成熟的、美味的番茄——最好是新鲜采摘的——哪怕简单地做成沙拉，也会很可口。番茄通常是红色的，但也有黄色、绿色或暗红色的，番茄的天然色彩使它在沙拉中显得很活泼。意大利著名的三色沙拉将绿色的鳄梨片、白色的马苏里拉奶酪和鲜红色的番茄结合在一起，以爱国的精神重现了意大利国旗的颜色。

番茄多汁的质地对于它的许多烹饪用法来说非常重要。在最早种植番茄的墨西哥，番茄在许多菜谱中都扮演着重要的角色，典型用法是切碎，用于制作调味酱。人们常会把切得很细的去籽番茄加入鳄梨色拉酱中，番茄新鲜的酸味会与鳄梨醇厚的奶油味形成鲜明的对比。

有一种有趣的传统制作方法，比如西班牙的番茄面包，是把干面包和新鲜的生番茄结合在一起，这样番茄的汁液就能浸泡和软化面包（见第225页）。在希腊的克里特岛，名为达果斯（Dakos）的菜肴由硬大麦面包干制成，上面放上切碎的成熟番茄、洋葱、菲达奶酪和橄榄，放置片刻后上桌，以便让汁液渗入干面包。意大利有托斯卡纳面包沙拉，这是一种用面包和番茄制成的沙拉，面包块与番茄、洋葱和橄榄油调味料混合在一起。它在食用前也要放置一段时间。

气候温暖的国家会用多种方式使用新鲜的、生的番茄，在炎热的夏天提供番茄点心，可使人们恢复精神。西西里岛有当地特色菜特拉帕尼香蒜酱（Pesto alla trapanese），它是以西西里岛西海岸的特拉帕尼镇

番茄面包片

制作16份

准备10分钟

烹饪15—20分钟

8片意大利夏巴塔面包

2汤匙橄榄油

10个樱桃番茄，每个切成四等份

2个李子形番茄，切丁

1茶匙意大利黑醋

8片罗勒叶

盐和现磨黑胡椒

　　在意大利，这些美味的番茄小点心是一种很受欢迎的开胃菜，传统上是用来搭配冰普罗塞克[①]。

1　预热烤箱至200℃。把每片夏巴塔面包切成两半。把16片夏巴塔面包放在烤盘上。在每片面包上都轻轻刷上一层橄榄油。烤15—20分钟，直到面包变成金黄色，中途把面包片翻过来，把两面都烤至金黄。取出晾凉。

2　准备番茄配料。把樱桃番茄、李子形番茄，剩余的橄榄油和黑醋放入一个碗，混合。把罗勒叶切成丝，拌入，留一点用来装饰。用盐和现磨黑胡椒调味。

3　把番茄混合物均匀地分成16份，浇在每片烤好的面包上。用剩下的罗勒叶装饰一下就可以上桌了。

---

① 普罗塞克：一种全球知名的意大利葡萄酒。

西西里岛有当地特色菜特拉帕尼香蒜酱，它是以西西里岛西海岸的特拉帕尼镇命名的。这个地区的香蒜酱是用成熟的番茄、焯过的杏仁、大蒜和罗勒制成的。

（Trapani）命名的。这个地区的香蒜酱是用成熟的番茄、焯过的杏仁、大蒜和罗勒制成一种糊状物，传统上是用杵和臼捣成的，然后与现煮的意大利面拌在一起。番茄沙司是另一种意大利面酱，把生番茄简单切碎或碾碎，加入大蒜、橄榄油和罗勒调味制成。在西班牙，著名的西班牙番茄冻汤是用生番茄的汁液做成的一道菜，适合在炎热的天气里享用（见第201页）。

番茄天然多汁的特性也适合用于烹饪菜肴。对于那些无法获得成熟、多汁、美味的新鲜番茄的人来说，番茄罐头是一种方便的替代品。用番茄烹制汤，无论是用白汁酱做成的质地柔滑的奶油番茄汤、清炖肉汤还是意大利杂菜汤，都是充分利用番茄天然汁液的绝佳方式。托斯卡纳的特色菜是番茄面包汤，这是一种浓汤，有一种类似粥的口感，用乡村陈面包、番茄、大蒜和高汤做成。意大利番茄意面酱（见第205页）等酱汁也常常只是简单地用洋葱和大蒜调味。意大利南部的一种做法是将番茄与碾碎的干辣椒和腌制的凤尾鱼混合在一起，拌入意大利细面条，再撒上干面包屑。在西班牙菜中，罗梅斯科酱（Salsa romesco）是由烤番茄、杏仁或榛子、大蒜、烤诺拉辣椒、葡萄酒醋和橄榄油混合制成。制作出来的辣味酱汁口感较粗，可与鱼、蔬菜或肉类搭配食用。当然，制作比萨时通常会在生面团上抹上一层红色的番茄泥。

用不同方式准备的番茄有不同的用法。有些食谱要求把番茄去皮。通常的做法是先用热水烫一下番茄，让它的外皮变松，然后简单地剥皮。比如，在制作一道经典的皮埃蒙特辣椒（Piedmontese peppers）菜肴时，会往红辣椒里塞满新鲜去皮的整只番茄、大蒜和凤尾鱼，然后将其烘烤至完全熟透。

在厨房里使用番茄的另一种方法是挖出番茄柔软多汁的心，留下紧致的外壳。这个天然的、五颜六色的容器可以装下从蔬菜到金枪鱼等各种各样的食材。法国有一系列传统的酿番茄食谱，包括"给好女人温暖的酿番茄"，制作方法是往挖空的番茄里填满丰盛的香肠肉混合物。希腊有一道很受欢迎的酒馆菜，制作方法是把大米、洋葱和香草的混合物

玛格丽特比萨

制作4个比萨

准备25分钟，加上面团发酵1个小时

每个比萨烤制10—15分钟

据说这款比萨是那不勒斯厨师拉法埃莱·埃斯波西托（Raffaele Esposito）于1889年为纪念萨沃伊（Savoy）的玛格丽特女王而制作的，它充满爱国情怀地融入了意大利国旗的红、白、绿三色。

500克高筋面粉，加上额外一些用于撒在面团上

1茶匙盐

1茶匙砂糖

1茶匙快发干酵母

300毫升温水

2汤匙橄榄油

300毫升番茄泥或12—16汤匙番茄酱

3块水牛奶或牛奶制成的新鲜马苏里拉奶酪，撕成碎片

2大把罗勒叶

现磨黑胡椒

1 把面粉、盐、糖和酵母混合在一起，制作比萨面团。分次加入温水和橄榄油，揉成一个面团。把面团转移到撒有少许面粉的干净工作台面上，用力揉，直到面团变得光滑柔软。把面团放在一个抹了油的碗里，用一块干净的茶巾盖上，放在一个温暖、有遮挡的地方，让它发酵1个小时。

2 同时，预热烤箱至240℃。

3 把发起来的面团放在撒了少许面粉的干净工作台面上，分成4份，擀至大约3毫米厚，做成4个圆形的比萨饼底。

4 把每个比萨饼底放在撒了少许面粉的比萨石盘或烤盘上。往每一个饼底上均匀地涂上番茄泥或番茄酱。往每个比萨饼上撒上马苏里拉奶酪和一半的罗勒叶。用黑胡椒调味。

5 如果需要的话，将比萨分批放入预热好的烤箱中烘烤10—15分钟，直到面团变成浅金黄色，马苏里拉奶酪融化。用剩下的新鲜罗勒叶装饰，马上上桌。

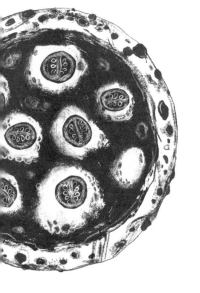

塞入挖空的番茄中，然后慢慢地烘烤，直到米饭变熟。

番茄的高含水量和独特的味道意味着人们也可以食用液体形式的番茄汁。1917年，一位名叫路易斯·佩林（Louis Perrin）的厨师在印第安纳州的弗伦奇利克温泉酒店工作，他是第一个把番茄榨成果汁作为饮料服务客人的厨师。印第安纳州的肯普家族（Kemp family）从1929年开始商业化生产番茄汁，几年后，随着美国人开始喜欢上这种新的红色饮料，亨氏公司和金宝汤公司也加入了这一行列。20世纪二三十年代，一种由番茄汁制成的标志性的鸡尾酒——血腥玛丽问世。它的确切起源是有争议的。法国酒保费迪南"皮特"珀蒂奥（Ferdinand 'Pete' Petiot）声称，1921年，他在巴黎的哈里酒吧工作时，把这种饮料引入了纽约，他在其中加入了盐、黑胡椒、卡宴辣椒和伍斯特沙司这些调味料。其他声称自己创造了血腥玛丽鸡尾酒的还有纽约21俱乐部的酒保亨利·茨比凯维奇（Henry Zbikiewicz）和喜剧演员乔治·杰塞尔（George Jessel）。杰塞尔是酒吧的常客，据说是他想出了把伏特加和番茄汁混合在一起，作为一种提神的饮料。不管它的起源是什么，血腥玛丽已经成为这个国家最受欢迎的鸡尾酒之一。

番茄长得很好看，用途也广，是一种深受喜爱的蔬菜。番茄既可以吃也可以喝，世界各地的人们都很喜欢它的味道。

1917年，一位名叫路易斯·佩林的厨师在印第安纳州的弗伦奇利克温泉酒店工作，他是第一个把番茄榨成果汁作为饮料服务客人的厨师。

出版后记

　　随着全球化的深入推进，不同国家和地区已在很多领域建立起良好的沟通关系，比如艺术、科技等。其中，饮食尤其容易在千差万别的文化背景下构筑情感连接，因为食物带来的满足感纯粹、朴实、自然，而且人类对食物的喜爱本身就是一种可沟通的语言。各个民族都有自己独特的饮食文化，这种大众文化也从侧面反映了一个民族的世界观、人生观、价值观。在节假日的宴会和宗教仪式上，人们往往会准备丰盛的食物来表示美好的祝福和虔诚的祈祷。

　　通常我们见到的饮食书籍都会侧重地域特色，因为食材的选择、保存和处理方式经常受到地理环境的制约。但本书却另辟蹊径，在全世界范围内选择了七种有代表性的食材，当作者试图在更广阔的维度下讲述饮食的历史变迁时，这七种食材就很自然地进入了视野。猪是最早被人类驯化的一种动物，猪肉衍生出多样化的熟食；大米是一种被普遍接受的主食；盐作为重要的调味剂必不可少；辣椒、番茄和可可从南美洲经过贸易路线来到各地的餐桌上；蜂蜜满足了人类对"幸福"和"甜"的想象。在本书中，我们会看到每种食材富有地域特征的同时不乏共通的烹饪方式；盐杀菌、保存食物的作用被使用得淋漓尽致，可可作为一种补充能量的神奇食物曾经发生过令人捧腹的故事，番茄究竟是水果还是蔬菜甚至还"闹"上过法庭……

　　猪肉、盐、大米、蜂蜜、辣椒、可可、番茄是今天的日常饮食中不可或缺的组成部分，它们廉价易得，我们对此司空见惯。但越是发掘和关注历史，我们就越会发现它们并不寻常。在漫长的岁月里，可可、番茄等食材从发源地辗转流通到遥远的国家和地区，从昂贵的"异域"食材慢慢变成朴素的餐桌"常客"。被生存和幸福驱动的人类不断产生奇妙的念头，才赋予这些食材全新的面目和无限的可能性。每种食材都在当地的民俗传说、文学作品和精神信仰中扮演着重要的角色……

本书中借助社会、文化、历史和生物学的视角将食物与人类相互影响的过程娓娓道来，这是包容与多元、传统与创新的故事，是人类与大自然和谐关系的明证，是贯通古今、融汇中西的世界饮食文化史的缩影。认识了这些食材的前世今生，你看待它们的眼光会变得不一样吗？

后浪出版公司

2021年3月22日

作者——

珍妮·林福德，著有《厨师图书馆》（*The Chef's Library*）《奶油厨房》（*The Creamery Kitchen*）、《大英奶酪》（*Great British Cheeses*）等，并且主编了《一生必去的1001家餐厅》（*1001 Restaurants You Must Experience before You Die*）。林福德曾为《金融时报》（*Financial Times*）、《泰晤士报文学增刊》（*Times Literary Supplement*）、《卫报》（*Guardian*）、《摩登农夫》（*Modern Farmer*）、《国民信托》（*National Trust*）等杂志，以及大英图书馆的美食故事网站撰稿。

插画师——

艾丽斯·帕塔洛，曾为《开饭啦》（*Bon Appétit*）、《时尚先生》（*Esquire*）、《乡村生活》（*Country Living*）、《乡村之音》（*Village Voice*）等杂志创作插画。

译者——

张淼，毕业于武汉大学社会学类社会工作专业。翻译过《心理学家的营销术》《疯评》《格罗斯曼说，经济为什么会失败》《富定位，穷定位》《轻疗愈2》《感恩日记》《在抑郁打败你之前战胜它》等十多本图书。

图书在版编目（CIP）数据

七种食材的奇妙旅行 / (英) 珍妮·林福德
(Jenny Linford) 文；(英) 艾丽斯·帕塔洛
(Alice Pattullo) 图；张森译. -- 杭州：浙江教育出
版社，2021.4
书名原文：The Seven Culinary Wonders of the
World
ISBN 978-7-5722-1394-6

Ⅰ.①七… Ⅱ.①珍… ②艾… ③张… Ⅲ.①饮食 –
文化 – 世界 Ⅳ.①TS971.201

中国版本图书馆CIP数据核字(2021)第010513号

引进版图书合同登记号　浙江省版权局图字：11—2020—488

The Seven Culinary Wonders of the World: A History of Honey, Salt, Chile, Pork, Rice, Cacao, and Tomato by Jenny Linford, Alice Pattullo
©2018 Quarto Publishing Plc
Simplified Chinese edition copyright ©2021 by Ginkgo (Beijing) Book Co., Ltd.
All rights reserved.

本书中文简体版由银杏树下（北京）图书有限责任公司出版

七种食材的奇妙旅行
QIZHONG SHICAI DE QIMIAO LÜXING

[英] 珍妮·林福德 文　　　[英] 艾丽斯·帕塔洛 图　　　张森 译

筹划出版：后浪出版公司　　　　　　　　出版统筹：吴兴元
编辑统筹：郝明慧　　　　　　　　　　　责任编辑：江雷　洪滔
特约编辑：程培沛　　　　　　　　　　　美术编辑：韩波
责任校对：高露露　　　　　　　　　　　责任印务：曹雨辰
装帧制作：墨白空间·何昳晨　　　　　　营销推广：ONEBOOK
出版发行：浙江教育出版社（杭州市天目山路40号 邮编：310013）
印刷装订：北京利丰雅高长城印刷有限公司
开本：690m×960mm　1/16　　　印张：15　　　字数：235 000
版次：2021年4月第1版　　　　　印次：2021年4月第1次印刷
标准书号：ISBN 978-7-5722-1394-6
定价：88.00元

读者服务：reader@hinabook.com 188-1142-1266
投稿服务：onebook@hinabook.com 133-6631-2326
直销服务：buy@hinabook.com 133-6657-3072

后浪出版咨询（北京）有限责任公司
常年法律顾问：北京大成律师事务所　周天晖 copyright@hinabook.com
未经许可，不得以任何方式复制或抄袭本书部分或全部内容
版权所有，侵权必究
本书若有印装质量问题，请与本公司图书销售中心联系调换。电话：010-64010019